WHAT IS **RELATIVITY**

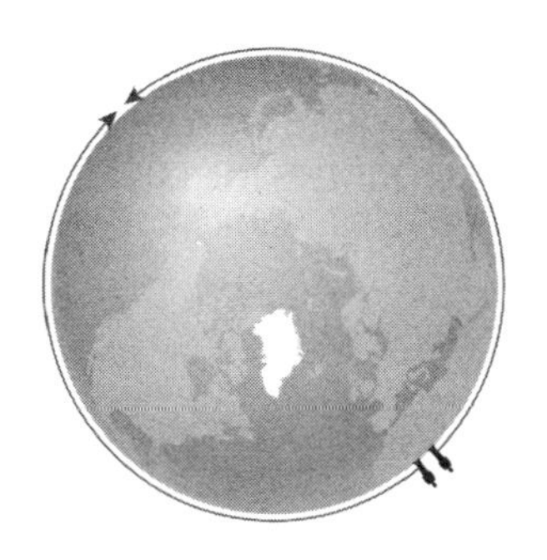

什么是相对论

[美]杰弗里·贝内特 著　王玉翠 冯萍 译

重庆出版集团 重庆出版社

图书在版编目(CIP)数据

什么是相对论 / [美]杰弗里·贝内特著;王玉翠,冯萍译. —重庆:重庆出版社,2022.3

ISBN 978-7-229-16638-0

Ⅰ.①什… Ⅱ.①杰… ②王… ③冯… Ⅲ.①相对论—普及读物 Ⅳ.①O412.1-49

中国版本图书馆CIP数据核字(2022)第028436号

什么是相对论
SHENME SHI XIANGDUILUN
[美]杰弗里·贝内特 著
王玉翠 冯 萍 译

责任编辑:周北川
责任校对:杨 婧
装帧设计:百虫广告
封面设计:璞茜设计

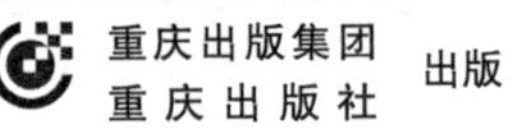

出版
重庆市南岸区南滨路162号1幢 邮政编码:400061 http://www.cqph.com
重庆市国丰印务有限责任公司印刷
重庆出版集团图书发行有限公司 发行
E-MAIL:fxchu@cqph.com 邮购电话:023-61520417
全国新华书店经销

开本:787mm×1092mm 1/16 印张:11.5 字数:150千
2022年4月第1版 2022年4第1次印刷
ISBN 978-7-229-16638-0
定价:48.00元

如有印装质量问题,请向本集团图书发行有限公司调换:023-61520417

任何人
都可以掌握
相对论的基本思想

人们普遍认为，如果太阳突然变成一个黑洞，它将吞噬掉地球和其他行星。然而，正如著名作家兼天体物理学家杰弗里·贝内特指出的那样，黑洞并不吞噬物体。带着这个基本的想法，贝内特开始了对爱因斯坦相对论的有趣介绍，为读者描述了一场前往黑洞的旅行，以及读者可能看到的惊人现象。

相对论揭示出了光速是宇宙速度的极限、令人费解的时间膨胀和时空曲率，以及历史上著名的方程式：$E=mc^2$。的确，相对论在很大程度上建立起我们现代对宇宙的理解。它不仅仅是“一个理论”——相对论中的每一个重要预测都经过了精确的测试，且有包括全球定位系统（GPS）在内的实际应用。贝内特的这本书图文并茂，语言浅显易懂，使任何人都可以轻松掌握爱因斯坦理论的基本思想。他使用直观的、非数学的方法让大众第一次真正认识到相对论是如何起作用的，为什么它对科学如此重要，以及我们作为人类看待自己的方式。

《什么是相对论》是一本写得很棒的、可读性很强的书，是一本介绍狭义和广义相对论的好书。杰弗里·贝内特极力避免夸夸其谈或“奇观化”，坚持实事求是，并以清晰易懂且令人信服的方式来呈现它们。

——阿尔贝托·尼克里斯（哥伦比亚大学）

自从十多年前《宇宙视角》问世以来，我一直在使用杰弗里·贝内特和他的同事们共同撰写的这本教科书，很大程度上是因为书中涉及相对论的章节非常出彩。现在能有一本专门讲相对论的书真是太棒了!这本书图文并茂，语言通俗易懂，非常有思想深度地总结了为什么相对论对构建我们个人关于空间和时间的科学观是如此的重要。

——大卫·J. 赫范德（美国天文学会主席，加拿大奎斯特大学校长）

我读过很多有关相对论的书籍，但没有一本和这本书一样通俗易懂、引人入胜。对于那些想掌握非直观的狭义和广义相对论的基本思想的人来说，杰弗里·贝内特的这本书是个不错的选择。这本书简单明白、生动有趣。

——赛斯·肖斯塔克（“搜寻地外文明计划”研究所高级天文学家）

贝内特这本书有趣地向读者展示了什么是相对论以及相对论揭示出了我们宇宙的哪些本质。

——《出版人周刊》

这是让人刻骨铭心的对划时代科学的提炼。

——《书目》

这本书对每一个有头脑的外行人应该知道的关于时间和空间的内容进行了清晰明了的解释。

——《科克斯书评》

也许这是对爱因斯坦的崇高敬意，因为他对整个科学，尤其是对物理学做出了如此开创性的贡献。

——《Brain Drain》

这是对爱因斯坦思想的精彩介绍，简单易懂，令人印象深刻。

——《精选》

目录

前言 / 1

第一部分 入门 / 1

第1章 穿越黑洞的旅行 / 2

第二部分 爱因斯坦的狭义相对论 / 23

第2章 和光赛跑 / 24

第3章 重新定义空间和时间 / 41

第4章 一个新常识 / 61

第三部分 爱因斯坦的广义相对论 / 79

第5章 牛顿的荒谬 / 80

第6章 重新定义引力 / 100

第四部分 相对论的应用 / 127

第7章 黑洞 / 128

第8章 膨胀的宇宙 / 154

结语 你在宇宙中不可磨灭的印迹 / 170

致谢 / 173

译后记 / 175

爱因斯坦骑自行车

（照片由加利福尼亚理工大学档案馆提供）

编者注：爱因斯坦曾说过“生活就像骑自行车，只有不断前进，才能保持平衡”。

前　言

第一次真正接触到爱因斯坦的相对论是在大学一年级的一堂课中。和其他人一样，我印象中相对论应该会很难，但听了教授的讲授之后，通过自习，我很快意识到相对论并没有想象的那么复杂。至少一旦掌握了相对论，它并没有使事情变得更复杂，反而让一切看起来更加简单。这似乎也很重要——我意识到在学习相对论之前误解了时间和空间的本质。因为我们一生都生活在地球上，在时间里穿梭行走，所以这与我们在早期教育中所获得的常识有差距。

一年来，我为初中生和小学生讲授了一些相对论的知识，并特意为那些对太空以及科学感兴趣的小孩开办暑期班教相应的课程。我真的非常惊讶他们中那么多人可以很快抓住其中的关键思想。他们对相对论概念的快速掌握使我发现了一个普遍的现象：对于相对论的知识，大多数成年人心中都拥有着根深蒂固的时间和空间的观念，相对论似乎与他们的传统观念背道而驰。对于那些还没有持特别的“偏见”想法的孩子，相对论似乎并不那么奇怪，他们比成人更容易接受这个理论。

几年之后，我开始在大学讲授天文学入门课程，相对论成为我教学中不可或缺的一部分，我把当年从教孩子们那里得到的经验和方法，运用在课堂中非常奏效。我专注于帮助学生们改变他们对时间和空间的错误观念。这种方法的另一个优点是不需要太多的数学计算，就可以学习相对论。年复一年的教学测评中，每当我问及学生们最喜欢哪门课程时，他们都说相对论占据第一位。我问他们为什么如此喜欢相对论时，他们常回答的原因是：(1) 他们感谢相对论以一种全新且意想不到的方式打开了他们的思维；(2) 他们一直认为相对论是一个超出他们理解范围的理论，因而当发现自己实际上可以理解相对论时心里非常高兴。

多年以来，我一直都在教授天文学的课堂中强调相对论的重要性，并继续完善我的教学方法。当我的三位朋友马克·沃伊特（Mark Voit）、梅根·多纳休（Megan Donahue）、尼克·施耐德（Nick Schneider）和我签署了一份编写天文学入门教科书的合同后，我们在书中添加了整整两章的相对论内容。尽管调查显示很少有教师花费大量时间在天文学课程中为那些非科学专业学生讲授关于相对论的知识，但是至少一些事实表明我们加入的这些章节启发了更多教师在授课中加入这个话题。

这就是本书的目标。希望本书可以帮助读者了解相对论的基本知识，也希望可以与我之前的学生以及读者分享我编写的课本。你会发现这门学科比你想象的更容易理解，也更神奇。同时，我希望你能意识到，相对论对我们非常重要，因为相对论可以让我们作为广袤宇宙中生存的人类，更好地认识自己 。时值爱因斯坦发表《广义相对论》100周年纪念日，我觉得是时候将相对论从晦涩的科学领域中解脱出来，把它引入公众意识领域。如果这本书有助于实现这一目标，那么我就感到真正意义上的成功。

杰弗里·贝内特

于科罗拉多州博尔德

第一部分

入　门

第1章　穿越黑洞的旅行

想象一下，有一天太阳神奇地坍缩，虽然保留了原来的质量，但体积却缩小了很多，成为了一个黑洞，它对地球和其他星球会产生怎样的影响呢？如果问一下每个人这个问题，包括小学生们，他们都会自信地回答，行星会被“吸进去”。

现在我们做一个设想，假设你是一位未来的星际旅行者。如果你突然发现一个黑洞潜伏在你的左边，你该怎么做？问一问你周围的人，他们都会告诉你要赶快发动引擎，离开那里，这样你就能避免被吸进去而彻底消失。

可是我要告诉你一个小秘密，这个秘密对理解相对论来说非常重要：黑洞不会吞噬物体。但如果太阳变成了一个黑洞，地球就会变得非常寒冷和黑暗。然而，如果我们假设这个黑洞的质量和太阳的质量一样大，地球的轨道几乎不会受到任何的影响。

假设你是一位未来的星际旅行者……首先，你不会在飞船左方突然发现一个黑洞。在旅行前，我们会在地球上以各种方式提前找到黑洞的位置，如果有一天我们真的可以进行星际旅行，就一定会提前在地图上标记好黑洞的位置。假设万一在你的地图上真的没有标明这个黑洞的位置，那么当你逐步接近黑洞时，它对你飞船的引力会不断增加，所以它不会突然出现在你的身边。其次，除非你刚好直接朝着黑洞飞过去，否则，黑洞的引力会让你绕着黑洞旋转，就和我们发射宇宙飞船（如旅行者号和新视野号）去外太阳系旅行时飞掠过木星一样。

我知道这可能让一些人感到非常失望，就像我上中学的女儿和我说的那样，如果黑洞可以把周围的东西吞噬进去的话，是一件非常酷的事情 。我只能在一定程度上来安抚她，“表现得很酷”和“可以吞噬东西”是两回事。那么，你可能会想，如果黑洞不能吞噬东西的话，它们会做什么？

答案有两个部分，一个看起来平淡无奇，另一个却令人感到不可思议以至于你再也不会将它误解为宇宙吸尘器了。它之所以让我们感到平淡无奇是因为如果我们可以从远处观察黑洞的话，黑洞的引力与太空中的其他任何物体的引力没有什么不同。这就是为什么当太阳变成黑洞的时候，不会影响地球的运行轨道，也是为什么宇宙飞船可以像绕着木星旋转一样绕着黑洞旋转。但当你开始接近黑洞的时候，就可以看出为什么黑洞让人感到不可思议了。在那里，你可以看到时间和空间被戏剧性地扭曲，这也只能从爱因斯坦的相对论中找到解释。

现在我们找到了问题的关键所在，我写这本关于相对论的书，是从讨论黑洞开始的，虽然几乎每个人都听说过黑洞，但只有你明白爱因斯坦提出的基本观点之后，才能了解什么是真正的黑洞。这本书的一个目的就是帮助你理解黑洞是什么。与此同时，还有第二个重要的目的。

在学习相对论的过程中，你会发现日常生活中，关于时间和空间的概念，并不能准确地反映宇宙现实。最终，你会意识到你是在一种充斥着错误常识的环境中长大的，这不能怪你。更确切地说，只有在极端情况下，时间和空间的本质才能更确切地显示出来，而我们不可能经历这种极端的情况。因而，这本书的真正目的是帮你区别现实和伴随你成长的科幻小说之间的不同。在此过程中，需要考虑时间和空间的深刻含义，爱因斯坦是第一个了解这个事实的人。

首先，让我们进行一场想象中的黑洞之旅。这次旅行，将让你有机会体验在爱因斯坦思想最显著影响下出现的两种情况：在接近光速的速度下和在黑洞附近的极端引力下。现在，我们思考一下你旅行中会遇到什么事情。先不解释其中的原因，在之后的章节中，我们再去解释。

选择一个黑洞

如果你要参观一个黑洞，第一步需要找到这个黑洞。可能你会认为这是一件很难的工作，因为“黑洞”这个术语，意味着是在黑暗的太空中看不到的东西。这是有一定道理的。根据定义，任何光都逃逸不出黑洞，也就是说黑洞确实是肉眼看不到的黑色。不过，据我们所知，所有的黑洞质量都相当大，至少是太阳质量的几倍，有时，甚至会更大。因此，原则上可以通过它们对周围环境的引力影响来探测它们。

有两种基本的方式可以揭示黑洞的引力的影响。首先，可以通过受其引力影响的可见伴星的绕行轨迹来推测黑洞的存在。举个例子，假如你观察到一颗恒星很明显地围绕着另一个大质量物体旋转，而这个物体却不像恒星会发光。根据可以用来解释恒星运转轨道的理论，这个物体很有可能就是黑洞。

其次，黑洞的存在也可以通过其周围气体散发出来的光来揭示。尽管我们常常认为太空完全是处于真空状态的，但并不是这样的。即使是在星际空间的最深处，你依然可以发现一些游离的原子。你在天文照片中看到的美丽的星云，实际上是巨大的气体云。黑洞周围的任何气体最终都会绕着黑洞旋转。因为黑洞体积小，质量大，离它最近的气体，必定以很高的速度绕着黑洞旋转。高速移动的气体往往具有很高的温度，而高温气体会发出高能量的光，如紫外线和X射线。因此，如果你看到一个致密的物体周围发射着X射线，那么这个物体很可能是黑洞。

你可以在著名的天鹅座X-1黑洞的例子中，看到这两种方法是如何协同工作的。该黑洞之所以得名，是因为它位于天鹅座，是强X射线的发射源。天鹅座X-1是一个双星系统，也就是两个大质量物体互相环绕。大多数双星系统都有两颗恒星互相环绕，但在天鹅座X-1星系中，只能看到一颗恒星。这颗恒星的轨道告诉我们，第二个物体一定比太阳的质量重15倍，但无论采用任何方式都无法直接发现它。

此外，这颗可见恒星的温度还不足以产生我们在该系统中观察到的X射线，因而X射线一定来自第二个物体周围的高温气体。我们现在掌握了寻找黑洞的两条重要的线索。一颗恒星绕着一个巨大的但看不见的物体运行，以及这个物体周围发射着X射线。这两个特征表明看不到的物体很小，周围有非常热的气体围绕它运行。当然，在我们得出看不见的物体是黑洞这一结论之前，必须排除它是小而重的其他类型物体的可能性。我们将在第7章讨论如何做到这一点，但目前的证据强烈表明天鹅座X-1确实包含一个黑洞。

现在我们已经知道许多类似的系统，结合我们对恒星生命的了解，我们知道大多数黑洞是大质量恒星（质量至少是太阳质量的10倍左右）死亡后的残骸，这意味着它们已经耗尽了在“活”恒星时期保持它们发光所需的燃料。以我们目前的技术，我们只能识别那些与天鹅座X-1中的黑洞一样，在双星系统中与仍然存活的恒星一起运行的黑洞。其他黑洞，包括那些曾经是单一恒星的黑洞和双星系统中两颗恒星均早已死亡而形成的黑洞，更加难以探测到，因为没有存活的恒星的轨道可以被我们探测到。另一方面这些黑洞周围的气体稀少，很难形成人类可探测的X射线。这些黑洞的数量肯定比我们目前所能探测到的要多得多。我们做出这样的假设，在你们准备好穿越黑洞的旅行之后，就可以找到更多黑洞。

除了由单个恒星死亡之后的残骸形成黑洞，还有另一类更为壮观的位于星系中心的超大质量黑洞（在某种情况下，这种黑洞位于稠密的星团中心)。这些黑洞的起源至今仍然是一个谜，然而它们庞大的质量相对来说更容易辨认。比如，在我们银河系的中心，我们观察到恒星围绕着一个中心物体以非常高的速度运行，中心物体质量是太阳质量的400万倍，然而其直径并不比我们太阳系的直径大多少。只有黑洞才可以解释为何这么小的空间里可以容纳这么大的质量。其他大多数星系中心似乎也有超大质量的黑洞。在最极端的情况下，这些黑洞的质量是太阳质量的数十亿倍。

有了这些黑洞位置的基本情况，我们准备为你的旅行选择一个目标。原则上，我们可以选择任何黑洞，但如果我们选择距离较近、周围没有太多气体干扰的黑洞来开展我们的实验，你的旅程将会更顺利。虽然，我们无法确定这样的黑洞是否存在，但从统计学上来讲，它很有可能存在于距离地球25光年的范围内。因而，我们发挥一下我们的想象力，来一次距离地球25光年远的旅行。

往返地球的旅行

在《星际迷航》《星球大战》和其他很多科幻小说中，从地球出发的25光年的旅程不过是一个转角处的短途旅行；而就整个银河系而言，它几乎就像在隔壁。你可以通过图1.1看到我们所处的银河系，你就知道为什么了。银河系大概有10万光年宽，我们所在的太阳系位于中心偏边缘的位置。因为地球到黑洞有25光年，只是银河系10万光年直径的0.025%，只要用尖尖的铅笔尖触碰这幅画，就可以覆盖我们25光年旅程的全部长度。

图1.1 这幅图描绘的是我们所处的银河系，直径大约有10万光年。如果你用笔尖轻触这幅画，它所覆盖的距离要比距我们25光年的假想黑洞的距离远得多。

然而25光年对于人类来说依然是一段相当长的距离，一光年就是光在一年之内所走的距离，光传播的速度真的是非常非常快。光速大约是每秒30万千米，这就意味着光每秒大约可以绕地球转8次，如果光速乘以时间，每分钟60秒，一小时60分钟，一天24小时，一年365天，你会发现一光年的距离只比10万亿千米少一点，因而，25光年的距离意味着行程将近250万亿千米。

有很多种方法来理解这个距离。我个人最喜欢的一种方法是先把我们的太阳系想象成它实际大小的百亿分之一，这正好是太阳系航行比例模型大小（图1.2），太阳在这个尺度上大约是一个葡萄柚的大小，地球要比圆珠笔的圆珠还要小，距离太阳大约15米远。月亮——迄今为止人类旅行探索得最远的地方，距离地球只有大拇指那么宽。如果你访问其中一个航行比例模型，从太阳到地球大约只需要15秒的时间，而到达太阳系最边缘的行星，你只需要几分钟的时间。但在这个尺度下，一光年大约是1 000千米（因为一光年等于10万亿千米，即10万亿千米除以100亿等于1 000千米），这就意味着你必须步行穿越美国（大约4 000千米），才能走到这个尺度上相距最近的恒星，大约4光年的距离。对于距离我们25光年的黑洞，意味着我们甚至无法按比例用航天模型将它放在地球上。

这样遥远的距离是这场旅行的主要挑战，到目前为止，没有任何技术可以把你带入到黑洞里面。我们建造的航速最快的宇宙飞船的飞行速度大约每小时5万千米，也就是每秒14千米。以我们人类的标准，这是相当快的，事实上，它是高速子弹速度的100倍。然而，它还不到光速的1/20 000，这意味着以这样的速度，需要花2万年才可以走完光一年走的路程。对于一艘宇宙飞船，需要花费两万多年才能飞行一个光年的距离，那么要想到达距离我们25光年的黑洞需要50万年。

因而，你想象的旅行需要假想的技术。你的首选可能是采用类似《星际迷航》里的曲速引擎，你的旅程可以缩短成几周或者更少的时间，但现在我要打消你们的这个愿望。虽然曲速引擎或类似技术有可能实现（我们将在后面讨论这个想法），但是这种假设远远超出了我们目前科学可以理解和证实的范围。正如爱因斯坦所说，你的速度永远不能超过光的速度。然而，爱因斯坦的理论并没有否定我们的速度可以无限接近光速的可能性。事实上，这只是受到了寻找达到高速的实用性方法的限制。所以，让我们假设未来的工程学可以使高速旅行成为可能，允许你以99%的光速旅行，为了简化符号，我们称之为$0.99c$，字母c代表着光速。

图1.2 这张照片显示的是位于华盛顿特区的太阳系比例模型，该模型展示了太阳（离基座最近的球体）和太阳系中的行星，以1:100亿的比例描绘了我们的太阳系。在这样的尺度下，你可以在几分钟内走到所有的行星位置，但你必须穿越美国才能抵达最近的恒星，而离我们25光年远的黑洞超出了地球的跨度范围。现在许多城市建造了类似的模型。可以访问www.voyagesolarsytem.org以获取更多信息。

对于你的那些待在地球上的朋友来说，很容易看到这次旅行的结果。由于你用比光速稍低的速度旅行，所用的时间只比光速旅行所用的时间稍长一些。更准确地说，因为光的旅行时间需要25年，往返50年，那么你的旅程的往返时间是五十年零六个月（50年除以0.99）。如果你2040年初离开地球，在黑洞里待6个月的时间，你会在2091年初回到家。

什么是相对论

凭直觉，我们会期望你的旅行和估算差不多，要花费51年左右的时间才可以完成这次往返黑洞的旅行，其实并不是这样的。下面是旅程真正会发生的事情。

为了简单起见，假设你以0.99c的速度完成了整个旅程（事实上，突然加速到这么大的速度，在抵达目的地之后又突然减速，你会立刻被压得粉碎——但我们暂且忽略它），你一旦出发，就会发现一大惊喜。黑洞周围的恒星要比先前看到的要更明亮[①]，仿佛它突然离你很近。事实上，如果你能测量它，你会发现距离黑洞不再是地球上测量的25光年，而会缩小到$3\frac{1}{2}$光年。因而，如果你以0.99c的速度驶往黑洞，你只需要花费略超过$3\frac{1}{2}$年的时间。往返的旅程基本上是一样的，只要你在黑洞里待了6个月，你会从地球上消失了大约$7\frac{1}{2}$年。如果你离开的时间是2040年，当你回到地球的时候，日历大概是2047年年中。

停下来，好好地想一想：你的日历会说你仅仅走了$7\frac{1}{2}$年，从2040年到2047年，你只需要$7\frac{1}{2}$年的食物补给，当回来的时候，你只会比离开时大$7\frac{1}{2}$岁，而地球上所有的日历都会显示已到了2091年了。你的朋友和家人会比你离开的时候大51岁，人类社会将会发生51年的技术和文化革新。总之，你回来之后，会发现地球上已经过去了51年了，然而对于你来说却只过了$7\frac{1}{2}$年。你觉得自己的旅程没有什么不寻常的地方，但是比起地球上

---

① 在太空中高速行驶时，你的实际所见要比我在这里展示的更复杂，除了不断变化的距离外，还要考虑一些其他因素。例如，在这种情况下，恒星的表象不仅会受到距离缩短的影响，也会受到多普勒效应的影响，而多普勒效应是由于你不断驶近（或远离）它们运动而引起的。你还会看到来自不同距离物体之间光传播时间上的差异所造成的光学效应。在本书中，当我说“看”的时候，我真正的意思是你考虑了所有影响实际表象的因素后会推断出什么。

的人，你的时间过得更慢一些。

如果之前没有学过爱因斯坦的理论，你可能很难相信我。这没关系，因为我还没有给出让你们信服的原因，希望在接下来的章节中，我可以解释清楚这些。现在，我只想说，你已经看到了爱因斯坦预测的以接近光速旅行并充满戏剧性效应的一个例子。现在，让我们来到旅途的中点——你接近黑洞的时候。

进入轨道

理解黑洞的第一点是要明白在太空中旅行和在地球上旅行是不一样的。在地球上，关掉你的发动机，车速会减慢，最终会停下来。其原因是存在摩擦力，无论是在地面上运动，还是在水中或者空气中运动都存在摩擦力。相比之下，太空中的飞行器与外界环境则不存在任何摩擦力，当你关掉引擎之后，只要飞行器不受其他物体碰撞，它就可以永不停歇地在太空中飞行。除了引擎提供的飞行动力外，可能影响你的飞行速度和飞行路线的另外一个因素就是引力。因此，为了更好地了解飞行器接近黑洞的时候可能发生的情况，我们就需要知道黑洞的引力是如何影响飞行器的运行轨道的。

在日常生活中，我们常常认为轨道是物体所走的一圈一圈的路径。然而，当我们谈到太空时，轨道是指完全受引力支配的路径，无论这个引力是来自恒星、行星，还是黑洞，以及其他。

艾萨克·牛顿于300多年前首次提出了天体运行轨道的基本特点。他发现天体运行轨道可以呈现三种形状：椭圆、抛物线、双曲线（圆可以被看作是一种特殊的椭圆，就如同正方形是一种特殊的长方形一样）。由于椭圆、抛物线和双曲线可以从不同角度切割一个圆锥得到（如图1.3所示），所以这三种形状的曲线又统称圆锥曲线。

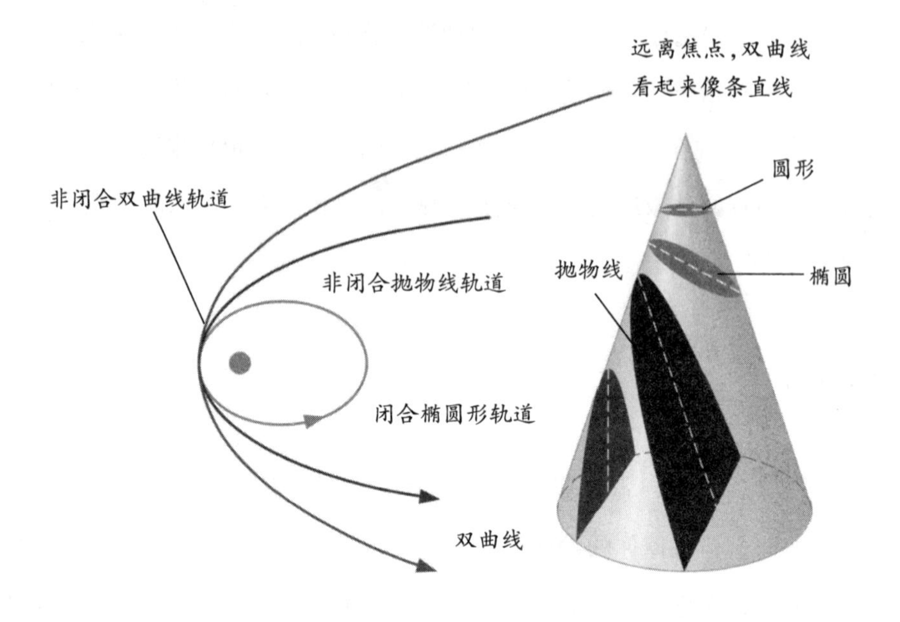

图1.3　300多年前，艾萨克·牛顿发现，引力只允许左边所示的三条基本轨道路线存在。右边的图形显示了这些形状是如何通过切割一个圆锥而形成的，这就是为什么它们被称为圆锥截面;请注意，圆只是椭圆的一种特殊情况。

看图1.3中的天体运行的轨道时，你必须注意三个非常重要的点：首先，椭圆形轨道（包括圆形的轨道），是唯一的天体来回运行的轨道，每运行一周都会回到轨道上的同一个点。这就是为什么当我们提到“轨道”这个词的时候，我们总常常想到椭圆形的轨道。这意味着所有的卫星都绕着行星以椭圆形轨道旋转，所有的行星都绕着恒星以椭圆形的轨道旋转，所有的恒星都绕着它们的星系以椭圆形的轨道旋转。

在图1.3中，我们需要注意的第二点是，根据轨道是否闭合，椭圆、抛物线和双曲线三种轨道又可以分为闭合轨道和非闭合轨道。其中，椭圆形轨道为闭合轨道，其轨道上的星体受中心天体的引力而绕其旋转；而抛物线和双曲线轨道为非闭合轨道，因为跟随它们的物体只经过中心物体一次，再也不会回来，这意味着中心物体的引力不会永久地控制它们。对于诸如太空飞船、彗星等来自远方的物体，其轨道显然不是在闭合轨道上，所以它们一定是在抛物线或者双曲线轨道上。事实上，大多数非闭合轨道都是双曲线轨道[①]。

第三个关键点是：椭圆形、抛物线、双曲线，代表了天体的所有可能的运行轨道。我们并没有把“吞噬”列为其中的一部分，现在你理解了我先前告诉你的事实，黑洞不会吞噬物体，它的引力取决于——物体的质量。从远处看，黑洞的引力和其他拥有相同质量的物体的引力没有不同。只有当离黑洞非常近[②]的时候，你才会注意到与牛顿所理解的引力不同的效应。我们暂且假设，天体基本运行的轨道还是牛顿发现的那样。

现在，我们可以把这些想法应用到前往黑洞的旅行中。当我们的飞船从远处驶近黑洞时，你处在一个非闭合的双曲线轨道上。因此，除非开动引擎，否则你将继续沿着非闭合轨道前进，这意味着你只会经过黑洞身边一次，然后你就再也看不到黑洞了。唯一解决的办法是你把航行方向完全对准黑洞，在这种情况下，你会在你的轨道把你带离黑洞之前，而直接陷入了黑洞里面。然而，这是极不可能的。要知道，尽管黑洞的质量非常大，体积却很小，质量是太阳10倍的黑洞，其直径还不到60千米，这使得它与地球上的大城市差不多大，比许多小行星还要小。在离开地球旅行了

① 抛物线和双曲线的主要区别在于从中心的位置处向远处延伸的曲线形状。当向远处无限延伸时，抛物线上各点的曲率是不断变化的，而双曲线则无限逼近于一条直线。在数学领域，抛物线是介于双曲线和椭圆之间的一种临界曲线，实际应用中双曲线要比抛物线的应用范围更广，大多数非闭合的天体轨道也都是双曲线轨道。

② 这里的“非常近”，是指距离黑洞100千米以内，大致来说，它是指事件视界的两个史瓦西半径范围内，这个概念我们将在第7章详细讲述。只有在这个距离内，牛顿理论所得出的稳定的轨道的结论才变得不那么精准。此时，看起来你似乎被“吸”进这个区域内，在第7章，我们将介绍一种更好的思维方法。

250万亿千米之后，你因为意外而直接对准了黑洞，这使你可能成为地球历史上的一位最不幸的人。

我们从中得出结论：唯一可以防止你高速飞跃过黑洞的方法是用你的引擎让你的飞船减速。如果你准确控制好速度，你的飞船就可以绕着黑洞以闭合轨道的方式运行。假设你做到了这些，随着引擎关闭，你的飞船现在“停”在离黑洞只有几千千米远椭圆形的轨道上。使你的飞船绕着轨道运行的引力会非常强，这取决于中心物体的质量，以及你的飞船与中心物体的距离。几千千米对一个质量比太阳还大的物体而言将是非常近的距离。不过，你是绝对安全的——没必要担心被吸进去——你可以绕着轨道一圈又一圈地旋转，永远都停不下来。

从轨道上观察

从轨道有利的位置上观察，一切看起来似乎都是十分平常的。除非你的飞船在旋转，否则你将在飞船里面因为失重而飘浮着，墙上的所有钟表都可以正常地记录时间。在相距几千千米的地方，由于周围几乎没有会发光的气体，几乎是看不见黑洞的。除了你会绕着一个看不见的物体高速旋转（因为，强引力意味着物体要保持轨道的稳定需要高速旋转），几乎没有迹象表明你在黑洞附近。

由于这次旅行并没有太多的事情需要做，因而你决定开展一些实验。对于第一个实验，你从飞船的储藏室中拿出两个相同的时钟，每个时钟显示的数字都闪烁着蓝色的光。你把两个时钟都设置成相同的时间，其中一个时钟待在飞船里，用一个小火箭带着另一个时钟，并把它们轻轻推出气闸，朝黑洞方向推去。你提前设计好了火箭连续发射的程序，火箭上的时钟慢慢地从你的飞船里脱离出来，进入了黑洞。你很快会发现外面的那个时钟的计时变得奇怪。

起初，两个时钟开始时的蓝色数字显示的时间是相同的，但是很快你会发现那个掉入黑洞中的时钟的计时渐渐变慢了。而且，随着它离你的飞船越来越远，它上面的蓝色数字会逐渐改变颜色，变得越来越红。这两个观察结果——时钟的指针嘀嗒声越来越慢，它的数字越来越红——是爱因斯坦预言的一个关键效应的结果：引力越大，时间运行得越慢。

显然，时间的变慢让下落的时钟的嘀嗒声变慢。蓝色的数字变成红色数字的原因不太明显，但你可以这样理解：这个时钟正常地走动着，感觉自己没有发生什么变化（如果它能够感觉的话），因而从时钟自身来看，它的数字仍然发着蓝色的光。一切形式的光都被认为是波以某种频率传播的。蓝光的频率是大约750万亿赫兹，红光的频率稍低一些，大约400万亿赫兹。请注意，现在你处在飞船上的一个有利位置，看到正在下降的时钟上的时间开始变慢，意味着时钟显示的一秒要比你经历的一秒时间长，因此，在你的一秒钟内，你只能看到时钟在它自己的每一秒中发出的750万亿次中的一部分。你因此会观察到发射光的频率低于750万亿赫兹——蓝光的频率。频率越低，意味着颜色越红。物体在强引力情况下会发出比在其他情况下更红的光，这种效应被称为引力红移。

让我们再回到那个不断飞向黑洞的时钟。为了让时钟缓慢地向黑洞下落，当火箭离开你的飞船时将不得不加大推力。这样的状态是不可能持久的，因为火箭的燃料会用尽，当燃料用完的时候，就像底下的地板被抽走一样，时钟开始加速向黑洞靠近。这样事情就变得奇怪了。

从时钟的角度来看，它正向黑洞坠落，就像一块石头向地球坠落一样，只不过黑洞的引力要大得多。因而，时钟将会以越来越快的速度驶向黑洞，直至最后掉入黑洞中。在这里强调一下，时钟掉入黑洞中的情况，就像石头落在地面上一样，并没有被“吸进去”。

从时钟的角度来看，一切都非常简单，但是从你在飞船上的视角来看，事情完全不是你想象的那样。首先，你会看到时钟朝着黑洞方向加速，就像时钟自身看到自己在做的那样。但是，当你看到时钟越来越接近黑洞的时候，它的加速度会因时间的减慢而抵消。当它接近黑洞事件视界[①]的时候，时钟指针的嘀嗒声将继续变得越来越慢。事实上，如果你继续观察时钟，你会看到，当它达到黑洞事件视界的时候，上面的时间停了下来，这意味着它永远不会超过那个时间点。

然而，由于引力红移，你实际上看不到时钟上面的时间被冻结了。时钟的数字将会从蓝色变为红色。因而，随着时钟下降，它发出的光的频率就会越来越低。低于可见光的频率，我们称作红外线；更低频率的光我们称之为无线电波。因而，我们可以暂时用红外线摄像机观察时钟，之后用射电望远镜，但当时钟抵达黑洞事件视界之前，光的频率将会更小，以至于没有任何望远镜可以观察到它。它将从你的视线中消失，即使你意识到时钟上面的时间即将停止了。

进入黑洞

回到了太空飞船之后，你和你的同伴们正在讨论看到了什么，这个时候，强烈的好奇心让你的一个同伴失去了理智。当你们正在交谈的时候，他离开了你们，迅速地穿上了太空衣，拿起另一只时钟，跳出轨道，直接冲向黑洞，他手里拿着时钟不断地下落。（可以想象，他会在抵达黑洞之前死亡。不过，我们暂且假设，他在坠落的过程中仍然可以进行正常的实验观察。）

①事件视界，是一种时空的曲隔界线，视界中任何的事件皆无法对视界外的观察者产生影响。

当他掉入黑洞的时候，一直看着这个时钟，发现时钟一直正常地走着，数字仍然是蓝色。也就是说，尽管从飞船上，你看到时钟的指针开始变慢，数字开始变红，但是你的同伴却不会发现什么异常之处。只有当他回头来看飞船的时候，他才会感到有些奇怪。如果他在太空服上装上火箭，可以让他在太空中逗留一会儿，而不是落下来。这个时候，他回头看了看[①]，他会看到你的时间流逝得很快，你的时钟上的数字颜色变成了更蓝的颜色——与你看到他身上发生的一切完全相反。当他的燃料耗尽了以后，黑洞巨大的引力让他坠落的加速度完全恢复，你的同伴朝着黑洞快速下落。事实上，离一个有质量的物体越近，它产生的引力就会越强，所以当你的同事坠向黑洞时，他的加速度也会变得更大，这意味着他的速度会不断增加，越来越快。在不到一秒的时间里，他会穿过黑洞事件视界，成为落入黑洞中的第一个人类。我们会很好奇，他在黑洞里面看到了什么，但不要期待他回来向你报告。请你记住，从你坐在飞船里的角度来看，他永远不会穿过黑洞事件视界。你会看到他的时间停止了，就和他因为光的红移而从视野中消失一样。这给我们带来了一些好消息和一些坏消息。

好消息是，当你回到家的时候，你可以给审判你的法官播放一段录像，以证明你的同伴还在黑洞外面。只要他还没有进入黑洞内部，他们很难认定你是他坠入黑洞的共谋。坏消息是，即使你的同伴现在仍在黑洞外面，而事实上他也已经死了。事实上，这是一个相当令人可怕（但很快）的死亡，因为太接近黑洞，这是不可避免的副作用。产生这种副作用的原因和地球上产生潮汐的原因一样。

地球上的潮汐现象主要来自月球引力的影响。地球直径大约为13 000

①你的同事暂时停止掉入黑洞中，回头看了看，这样你会看到情况的对称性：你可以看到他的时间跑得很慢，而且他的光发生了红移；而他观察到你的时间走得很快，并且你的光蓝移了。在他掉入黑洞的其他时间里，由于他高速远离你，所以他看到你的光红移了。

千米，也就是说在某一特定时刻，地球背离月球的那一侧要比面向月球的那一侧远13 000千米。由于物体之间的引力受彼此之间相对距离的影响，地球面向月球的一侧所受到的月球引力要比背离月球的一侧大，月球对地球不同部分的引力差异，有效地产生了一种“拉伸力”，这使得我们的星球在地月连线的方向上被略微拉长，而垂直于地月连线的方向上被略微压缩。你可以看到一个类似的效果，如把橡皮筋的两端往同一方向拉（就像月球的引力把地球的所有部分拉向同一个方向一样），但对一边的拉力大于另一边的拉力（就像月球引力对朝向月球的那一边拉力更大一些一样）。橡皮筋的长度被拉伸，而宽度被挤压，尽管事实上两端的运动方向是相同的。

月球的潮汐力影响着整个地球上的里里外外，包括陆地和水。然而，由于陆地岩石的硬度比水要大很多，潮汐力造成的陆地运动幅度与水体运动幅度相比也就小得多，所以我们才只注意潮起潮落的现象。这种拉伸作用还可以解释地球上为什么每天出现两次涨落潮现象：因为地球像橡皮筋一样被拉伸，朝向月球的那一面和背向月球的那一面的海洋都会膨胀。随着地球自转，我们每天都会跟着经历潮汐的涨落，所以在地月连线方向上的地球两端海水膨胀出现涨潮，在这两端的中点有落潮。

一般来说，潮汐力是物体一侧和另一侧受到的引力不同而产生的引力差。因此，潮汐力的强度取决于两个因素：（1）受潮汐力的物体近端和远端的相对距离；（2）作用在物体上的引力强度。第一个因素解释了月球的潮汐力为什么对我们的身体没有影响，而它对我们的地球影响很大，因为我们从头部到脚部的距离是那么小，以至于月球相对较弱的引力不足以产生可测量的潮汐力。但是，当你的同伴离黑洞很近时，黑洞强大的引力产生的潮汐力要比月球潮汐力强数万亿倍，此时黑洞对他头部和脚部产生的“引力差”非常大——换言之，如果他侧过身体——他会感觉自己的身体被剧烈拉伸撕扯。可悲的是，只有他的血液和内脏才能体验到黑洞内部。

你也许想知道人类是否可以以某种方式避免这样令人毛骨悚然的死亡，以此来了解黑洞里的秘密呢？对于那些由单个恒星遗留下来的黑洞，比如我们刚刚访问过的那个，答案是否定的，因为没有切实可行的方法来抵消潮汐力。但是，原则上，你很可能在穿越一个超大质量的黑洞事件视界的时候存活下来。尽管你无法从超大质量黑洞的事件视界中逃脱，但超大质量黑洞的尺寸越大，它在事件视界上的潮汐力就会弱得多。因此，你至少可以活上一会，以观察黑洞的内部。

想象一下，你在里面会看到什么，是很有趣的。要知道，对于我们那些在黑洞外面的人来说，以及地球上的每个人来说，你要永远掉入黑洞中。对于我们来说，等着你进入黑洞然后再回来汇报里面的情况是没有意义的，因为你永远不会抵达那里。然而从你的角度来看，你会以非常高的速度坠入黑洞。原则上，这种情况的对称性意味着，当你接近视界时，地球上已经过去很长一段时间了，因此，你可能会猜测，只要在你穿越事件视界之前回首看一下，就可以看到地球未来的历史。不幸的是，事实并非如此，因为来自地球的光会因为你的速度和黑洞的引力而发生扭曲。但是即使光线没有被扭曲，你依然看不到未来的股票市场，也不可能在返回家之后，对股票进行投资，因为你是无法逃离黑洞的。事件视界是指离开黑洞附近所需的速度（逃逸速度）达到光速的边界，且爱因斯坦的理论告诉我们，没有任何物体可以达到这样的速度，在事件视界内没有任何物体可以逃脱。据推测，你会继续向黑洞中心或者奇点[①]坠落，在你到达之前的某个时刻遭遇潮汐力死亡。

①奇点，有不同的说法，文中此处奇点指的是黑洞中心。黑洞所有的质量都被无限压缩至体积为零的点，这个体积无限小而密度无穷大的点就是奇点。

科学以及科幻

等一下——你们可能会提出一些以下问题，比如科幻作家和一些科学家提出是否有一种办法可能让人们在穿越黑洞的旅行中存活下来，甚至可以把黑洞当作“虫洞”，这样人们就可以在宇宙中的不同的地方来回旅行了。这是一个很好的主意，但是我们这里用到了一个关键词是“可能”。在宇宙物理学中，似乎没有任何观点可以反对这个设想①，也没有任何理论可以说这是正确的。

这就把我们带到了一个与科学本质相关的重要观点上来，即科学是由证据来支撑的。我们之所以能够描述你在前往黑洞的旅途中所经历的奇怪的时间效应，并不是因为一个叫爱因斯坦的聪明家伙提出来的想法。更确切的说，这是因为科学家们在广泛的条件下仔细地测试了爱因斯坦的预测。虽然我们没有技术去探测像黑洞事件视界这样的极限条件，但是迄今为止的每一次测试都表明爱因斯坦是对的。如果没有这些测试，爱因斯坦的想法就只是猜想。

科学与科幻小说的本质区别在于有没有证据的支持。科幻小说是在不违反已知的公理的情况下，可以自由地发挥想象力（有时候，小说的情节甚至违反了公理）。这就有了想象空间，以及无限的可能。相比之下，科学被限制在相对狭窄的范围内，即目前我们可以验证的想法，或者探索我们可能在未来可以验证的想法。

虽然科学和科幻小说的区别大家现在已经基本清楚了，然而它们常常在现有知识的边缘给我们制造混乱。以黑洞为例，物理学家们用已知的自

---

①事实上，关于旋转的黑洞，包括连接其他宇宙的单一路径的虫洞可用精确的数学方法来解决，然而，这种解决方案也表明了虫洞是不稳定的，因而不适用于物理旅行。

然规律预测了当你跨过黑洞事件视界的时候可能会发生的事情。的确，正如我告诉你们的那样，你会一直朝着奇点下落，直到被潮汐力杀死。因为我们是在已经得到验证的想法的基础上做出的预测，我们很容易想当然地认为这个预测是正确的。然而，由于我们还找不到方法来检验我们对黑洞内部发生了什么的预测，即使看起来最可靠的预测也仍然只是推测。对于那些基于物体的运动速度可以超过光速的想法，比如，超空间、虫洞，或者曲速引擎，人们的想象力更丰富。也许一些想法在某一天会被证明是有效的，但在我们可以证实这些想法之前，它们更像是科幻小说，而不是科学。

在本书中，我们将专注于爱因斯坦思想基于证据的科学方法。我们将远离科幻小说，甚至远离那些更直接的数学推断，不过我们会简要的提及你可能在流行文化中听到过的想法。这本书和其他科普书不太一样的是，除了运用那些耳熟能详的办法之外，我们坚持使用“证据”来证明、分析爱因斯坦的观点。由于市场的需求，往往让许多作者把科学和科幻小说糅合在一起写，而我们这本书的优势是一切都基于科学。从爱因斯坦1905年发表了第一篇关于《相对论》的论文开始，我们所讨论的大部分内容，科学家们在一个多世纪以前已经知悉。然而旧的知识并不总是无用的知识，如果你之前不了解爱因斯坦的观点的话，你会发现爱因斯坦的思想不仅令人兴奋，而且更重要的是，他可能会改变你看待宇宙的方式。

第二部分

爱因斯坦的狭义相对论

第2章　和光赛跑

我们常常提到爱因斯坦的相对论，实际上，爱因斯坦的理论分成两个部分。第一部分被称作狭义相对论，于1905年发表。这个理论可以解释为什么那些飞向黑洞的人的时间开始变慢，以及为什么他们要比那些在地球上的人更年轻。这个理论也告诉我们没有任何物体的速度可以超过光速，并且爱因斯坦从中提出了他著名的方程式，$E=mc^2$。你可能会想，“嗯，这应该很特别（special一词，除了有特有、狭义之外，还有特别的意思）吧！但是你把这个词放在相对论之前不是很奇怪吗?”是的，这的确很奇怪，但之所以在前面加上了“狭义”两字，是为了与他10年之后发表的广义相对论加以区别。爱因斯坦之后发表的关于相对论的论文，我们称之为广义相对论。

顾名思义，狭义相对论实质上是广义相对论的一个子集。尤其是，狭义相对论仅适用于我们忽略了引力影响的特殊情况，而广义相对论则考虑了引力的影响。因而，广义相对论可以解释你在黑洞强大引力下所观察到的情况；它也是我们从整体上了解宇宙结构的理论，其中包括观察到的宇宙膨胀。

和爱因斯坦先提出狭义相对论而不是广义相对论的原因一样，从狭义相对论开始学习比较容易。因而，我们可以从狭义相对论中最著名的一个主张开始 。

这是定律

也许你曾经看过海报或者T恤衫上写有“每秒300 000千米！不止于设计，更臻于理论！”这样的T恤衫在那些有抱负的物理学家中非常流行，尽管它们传递的信息可以说是爱因斯坦狭义相对论中最不受欢迎的主张。这个想法之所以不受欢迎的原因很明显：没有人喜欢被告知自己无能为力。然而，爱因斯坦认为人类无法超光速旅行是建立在如此坚实的证据基础之上的，即使是科幻小说作家通常也会避免违反它。《星际迷航》和《星球大战》中的宇宙飞船实际上从未以超过光速的速度穿越太空，相反，他们以某种方式弯曲或者扭曲空间（比如在《星际迷航》之中），将相距遥远的点拉近，或者通过暂时离开空间（例如在《星球大战》之中），这样他们可以一起穿过超空间，出现在其他地方。即使这些自然法则中的“漏洞”有朝一日被证明确实存在，但并不能改变一个基本的事实，那就是你不可能跳上宇宙飞船，让它的速度可以超越光速 。

为什么不能这样呢？也许很多人都听说过这条定律，但是大多数人依然觉得一定有某种方式可以解决这个问题。毕竟，在历史上发生了很多事件表明人们往往可以把看似不可能的事情变得可能。其中有一个很著名的例子，一位20世纪受人尊敬的科学家曾经声称音障永远不会被打破，我们永远无法把人类送到月球上去。但如果相对论是正确的——已经有足够的证据表明相对论确实是正确的——那么光速就不同了。问题是光速不像音速那样需要打破音障，也不像登月那样富有挑战性。我们知道总有比声音传播得更快的物质，也知道总有物体可以抵达月球。关键是：我们是否能够做到。

什么是相对论

因为这个观点比较难接受，所以我先提前告诉你们本章我们要得到的结论：相对论告诉我们每个人测量的光速总是相同的。光速恒定的事实产生了以下结果，如果你永远无法超越光速，那么其他观察你的人总会发现你运动的速度比发出的或者反射的光的速度都要慢。从某种意义来讲，相对论真正告诉我们的是光速是自然界的基本属性，就像北极的存在是旋转行星的基本属性一样。如果有人问你如何才能比光速运动得更快，这个问题就和问你如何从北极继续向北走一样（北极的所有方向都是南）。至少在你理解了北极或光速的含义之后，你会发现这是一个没有任何意义的问题。

在我们继续之前，需要注意两点。首先，相对论中提到的光速是指光在真空中的传播速度，此时光速最大，为每秒300 000千米。当光通过水、空气或玻璃等其他介质时，它的传播速度会变慢。近年来，科学家们已经可以在实验室里将光速降低至行人行走的速度。显然，超过这个行走速度很容易，但是我们却永远不可能超越光在真空中的传播速度。

第二个需要注意的是关于“没有什么东西跑得比光还快”的说法并不是相对论要真正告诉我们的，更好的说法是“没有什么东西跑得过光”[①]。举个具体的例子，现代天文学表明，距我们数千亿光年外可能存在着一些星系——远远超出了我们可观测宇宙的范围，也就是说，我们原则上可以看到的宇宙部分——随着宇宙的膨胀，正在以远远超过光速的速度远离我们。这并不违反狭义相对论，因为这些星系与我们远离，并未涉及任何人（或任何东西）跑得比光快。如果我们想去这些星系旅行，我们永远都不能抵达那里。我们的光追不上它们，所以我们也追不上。我们也不能抵达那

① 在数学上，相对论实际上允许一种叫做超光速粒子的存在，这种粒子的速度总是比光速快；也就是说，就像我们不能比光快一样，超高速粒子也不能比光慢。大多数物理学家曾经怀疑超光速粒子是否存在，即使它们存在，也不会改变这样一个事实：任何一种初始速度低于光速的物质都不可能加速到超过光速。

里。我们可以这样认为，也就是说超光速旅行的限令仅适用于从一个地方向另一个地方传递物质或者信息的情况，或者说没有任何东西可以在太空中超光速旅行。你会在大多数有关相对论的文献中找到这样的描述，尽管我觉得记住“没有什么能超越光”会更容易。

相对论中的相对是什么？

理解相对论的第一步是我们要搞清楚什么是相对。与普通的理念相反，爱因斯坦的理论并没有告诉我们“一切都是相对的”。确切地说，爱因斯坦狭义相对论的名字来源于运动总是相对的这一说法。

说运动是相对的，这似乎是违反直觉。毕竟当你看着汽车在高速公路上行驶，或者飞机飞过头顶时，如果我们在地面上静止不动，很显然我们看到飞机或者汽车处于运动中。事实上，一切看起来并没有那么简单。要了解其中的原因，请想象一个从肯尼亚的内罗毕飞往厄瓜多尔的基多的超音速飞机，以每小时1 670千米的速度航行，现在请回答这个问题：飞机飞行的速度多快？

当然，这个问题听起来很简单，因为我刚刚告诉你飞机以每小时1 670千米的速度飞行。可是等等，内罗毕和基多几乎都位于地球的赤道上，赤道上地球自转的速度，正好是每小时1 670千米，只不过方向相反（图2.1）。因而，如果你在月亮上来观察这架飞机的话，飞机几乎是保持静止，而地球在它下面旋转。当飞机开始起飞时，你可以看到飞机在内罗毕起飞，之后保持静止，而地球的自转则让飞机远离内罗毕，飞往基多。当基多终于到达飞机的位置时，飞机将重新落回地面。

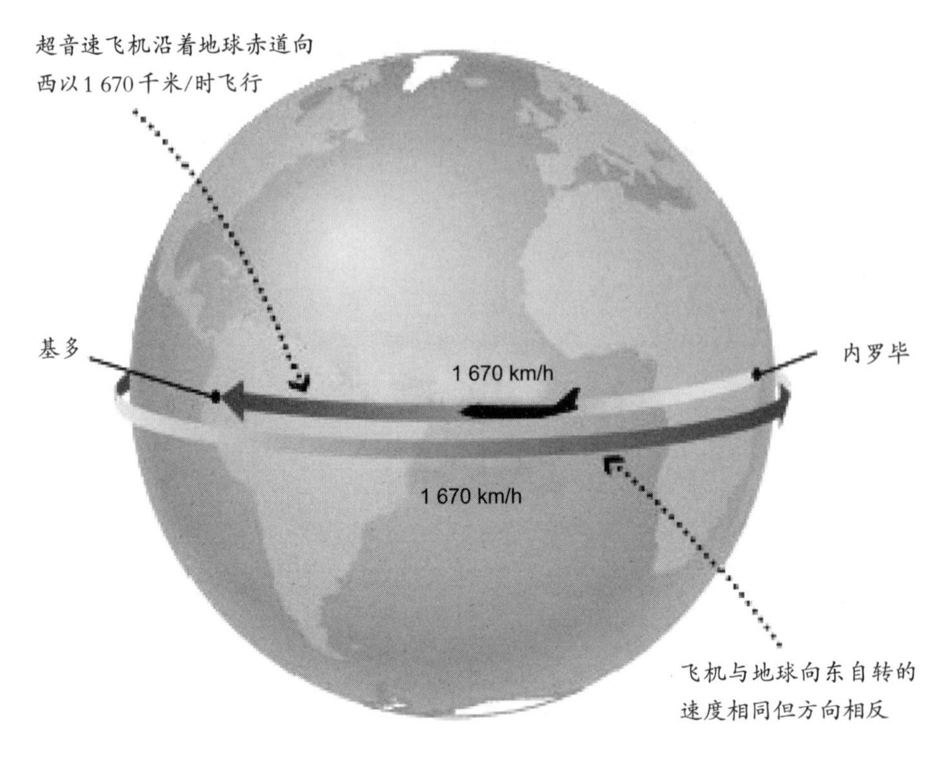

图2.1　想象一架超音速飞机从内罗毕向西飞至基多，时速达1 670千米，这个速度恰好与地球赤道的旋转速度相同，方向相反。那么飞机的实际速度是多少？

那么飞机到底在做什么呢？它真的在以每小时1 670千米的速度飞行吗？还是静止不动（零速），而地球在下方自转？根据相对论，这个问题并没有绝对答案。只有明确了相对于什么而运动，你才能来描述运动。换句话说，你可以说“飞机相对于地球表面以每小时1 670千米的速度飞行”。你也可以这么说，“如果从月球上来看的话，飞机看起来是静止的，而地球在其下方旋转”。这样的说法，或多或少都是对的。

实际上，我们还可以从其他角度观察这架飞机的飞行。如果站在太阳系中的某颗行星上观察，你会发现这架飞机正在以超过每小时100 000千米的速度移动着——那正是地球绕太阳的公转速度；如果从银河系外的某个星系观察，则会发现飞机以每小时800 000千米的速度随银河系旋转。

用相对论的术语来说，飞机的运动状态取决于不同的观察者所在的参考系。从不同的角度来观察飞机的运动——比如从地面上，从月球上，或者从另一颗恒星上，以及从另一个星系上——代表着不同的参考系。一般来说，只有两个物体或人相对彼此处于静止状态时，我们才会说它们共享相同的参考系。

相对论的绝对性

从某种意义上来说，“相对论”是一个非常好的名字。它直接表明运动的相对性，是该理论的基本组成部分，但从某种程度上来讲，我们又感到它用词不当，因为该理论的建立是基于宇宙中以下两点是绝对的：

1. 自然法则对每个人都是一样的。
2. 光速对于每个人来说都是一样的。

来自于爱因斯坦的狭义相对论的每一个令人震惊的想法——包括你前往黑洞的旅途中感受到的时间和空间与你在地球上感受的时间和空间不同——直接来自这两个绝对性。因此，让我们简单地讨论一下这两个“绝对”的意义。

第一个绝对是，自然法则对每一个人都是一样的，也许大家对它并不吃惊。确实，这个想法在爱因斯坦之前就存在了几个世纪，可以一直追溯到伽利略。比如，它可以解释为什么当你平稳地乘坐飞机的时候，你感受不到飞机的晃动。之所以这样的原因是，你以飞机为参考系，和以地面为参考系，得到的相对运动不同。运动是相对的，只要运动速度恒定，你不会感到任何不同于地面的力，你可以在飞机上做实验，并可以获得你在地面上的实验室中得到的相同结果。这个事实意味着关于自然的法则，你可以得到完全相同的结论。

第二个绝对是，光速对每个人来说都是一样的，这就令人惊讶了。一般而言，我们认为处于不同参考系的人们对同一物体的运动速度，可以给出不同的答案。比如，假设你乘坐在相对于地面速度为每小时800千米的飞机上，并将一个球沿着飞机的过道滚到飞机的最前端，你会说球运动得很慢，相比之下，地球上的人们会看到球飞快地经过他们，因为他们所看到的球的速度是球滚动的速度与飞机飞行的速度之和。

现在假设你没有滚球，而是打开了手电筒，基于与滚球相同的原理，你也许认为地面上的每个人看到手电筒的光束的速度要比你在飞机里面看到的光速快800千米/时。但是，事实并非如此。因为狭义相对论的第二条已经告诉我们，光速对我们每个人来说都是一样的。因此，无论你如何精确地测量，你和地面的朋友都会说手电筒发出的光以相同的速度传播。这个手电筒发出的光束的速度永远都是3 000 000千米/秒。

光速的绝对性是如此令人惊讶，我们应该花一点时间来弄清楚为什么这个理论如此重要。正如我之前所说，狭义相对论每一个惊人的结论都直接来自这两个绝对性。鉴于第一个绝对性并不令人感到惊讶，而且正如人们长期以来所怀疑的那样，相对论的所有结果本质上都源于一个令人惊讶的设想，即每个人测量的光速都是相同的。换句话说，如果这个想法是正确的，由此推出的所有的狭义相对论的结论都有意义；相反，如果这个想法不正确，整个理论就会崩溃。

那么，我们为什么那么相信爱因斯坦的结论是正确的呢？要记住，实验和观察是科学真理的最终仲裁者。光速的绝对性是经过实验验证的事实，第一次由A. A. 迈克尔逊（A. A. Michelson）和E.W. 莫雷（E. W.

Moley）于1887年一起展开证明。在他们著名的迈克尔逊-莫雷的实验中，他们发现光速不受地球围绕太阳公转的影响。现在，我们可以用各种方式测量光速，举一个简单又无处不在的例子，太空中的每一颗恒星和每一个星系，都以不同的速度相对于地球运动。一些遥远的星系正在以接近光速的速度远离地球。然而，如果你测量任何来自这些物体的光的速度，你会发现发射到地球上的光的速度，始终是每秒300 000千米。这是无法改变的：实验表明，只要你处于真空环境中，无论你相对于光源如何运动，你测量得到的该光源的光速都是恒定不变的。

低速条件下的思想实验

就像爱因斯坦所做的那样，我们现在可以通过进行一系列思想实验来构建狭义相对论。思想实验是指我们使用想象力进行的实验，并不是真的开展实验，然而原则上这种思想实验是可以做到的。请记住，虽然思想实验在帮助我们理解和预测理论结果方面至关重要，但是这种实验本身并不能证明爱因斯坦的理论。我们认为这样的思想实验是有效的，因为现实的实验（我们将在后面讨论），证明了我们在思想实验中得出的所有结论。

爱因斯坦的思想实验经常涉及火车的运动。因为相对运动在空间中更容易可视化，也因为狭义相对论忽略了引力的影响，我们将用宇宙飞船来做思想实验。假设我们的太空飞船已经关闭了引擎，那么飞船里的一切将因失重而处于自由飘浮的状态，因此，我们说飞船的参考系是自由参考系（有时被称为惯性参考系）。如果你想知道为什么关闭引擎时你会失重，这里有一种简单的思考方法：你所说的上下浮动的概念是针对于行星表面（或者其他物体）而言的。在太空深处，没有判断上下浮动的参考点。因而，只要引擎熄火，你就没有任何理由朝着任何方向移动——意味着你将会因失重飘浮着。

要想了解思想实验的原理，首先我们设想你的飞船和一些物体在以相对较低的速度飞行。假设你在太空中自由飘浮的飞船里，因为你感受不到任何力量，你自然觉得自己处于静止的状态（没有移动）。现在，你向窗外看去，会看到你的朋友智能机器人AI也在他的飞船里飘浮着。他乘坐的那艘飞船正在以每小时90千米的速度向你的右侧移动。那么AI会看到发生了什么呢？

和你一样，AI在飞船里自由飘浮时没有感觉到任何力，因而他会说自己是那个静止的人，而你向左以每小时90千米的速度前进。当然，这一切都是对的，因为一切运动都是相对的，你和AI的观点都同样有效。

让我们在你的思想实验中增加一点小小的难度。当AI在你的飞船一旁飘过时，你穿上了太空服，把双脚绑在飞船外面（这样你就不会飘浮了），朝他以每小时100千米的速度扔一个棒球，AI会看到棒球发生了什么呢？他会认为自己是静止的，你以每小时90公里的速度离开他。如图2.2所示，他会看到棒球只以每小时10千米的速度朝他飞来。

如果我们想象你朝着AI以每小时90千米的速度掷球，我们将会得到更有趣的结果。因为这个速度和AI看到你远离他的速度相同，这个球在AI看来就是静止的。思考一下这个问题：在你扔棒球之前，因为棒球在你手里，AI会看到棒球以每小时90千米的速度远离他；从你投掷出棒球的那一刻起，以AI的视角来看，它就立刻变得静止了；从AI所在的宇宙飞船中看，棒球与AI在太空中飘浮的距离是一定的。在你远行的几个小时以后，AI仍然会看到球飘浮在相同的地方。如果AI愿意的话，可以穿上宇航服，走出去，拿回那个棒球，或者他也可以选择让棒球待在那里。不过从AI的观点来看，棒球不会去任何地方，他也不会。

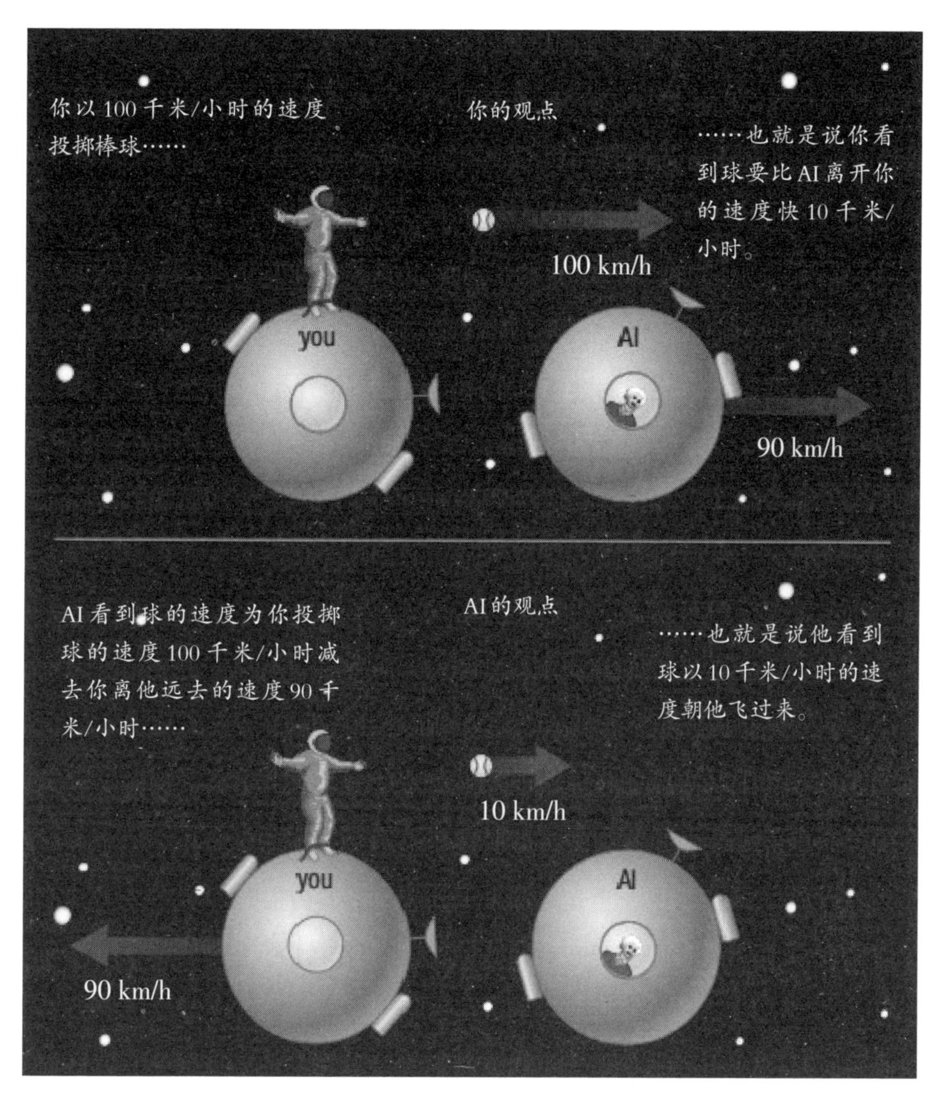

图2.2　对你而言，你是静止的，AI以每小时90千米的速度向你的右侧移动，棒球以每小时100千米的速度朝着AI方向移动；但相对AI而言，他是那个静止的人，他看到你以每小时90千米的速度远离他，而棒球以每小时10千米的速度朝他扑来。

高速条件下的思想实验

在我们的思想实验中，光速的绝对性还没有发挥作用，因为我们在思想实验中所使用的速度比起光速来说太小了。如果你计算一下，会发现棒球以每小时100千米的速度被投掷过来，是光速的千万分之一。你可能会猜到，当我们提高太空飞船的速度时，事情看起来会有点不同。

想象一下，AI朝着你以光速的90%的速度向右移动，即0.9 c 。(提醒大家一下， c 是光速的符号。) 和之前一样，你和AI都认为自己是静止的，因而，你会看到AI朝你以0.9 c 的速度向你的右边移动，而他会说自己是静止的，你则以0.9 c 的速度向他的左边移动。

由于你认为你自己是静止的，在飞船里自由飘浮着，所以你轻车熟路地穿上了太空服，踏出飞船。这一次，你手里没有拿着一个棒球，而是拿了一个手电筒，你打开开关，朝着AI发射了一道光束，你和AI该如何描述这个情形呢?

从你这边看很简单，当光束全速朝着同一方向传播时，AI以0.9 c 的速度向右移动。因此，你会说光束将比AI的速度快0.1 c 。这就意味着光束能够赶上AI，并且超过AI。

如果我们换到AI的角度，和投掷棒球例子中一样发现相对论之前的思维模式，我们可能得到这样的结论，光束以速度0.1 c 朝他传播过来，也就是光束的速度c减去你的速度0.9 c 。但AI并不这么认为，光速的绝对性决定了他测量到的射向他的光束的速度是光的全速，而不是部分光速。也就是说，你以90%的光速远离他的事实，并不影响他测量到的射向他的光束的速度的大小。图2.3总结了这个思想实验。

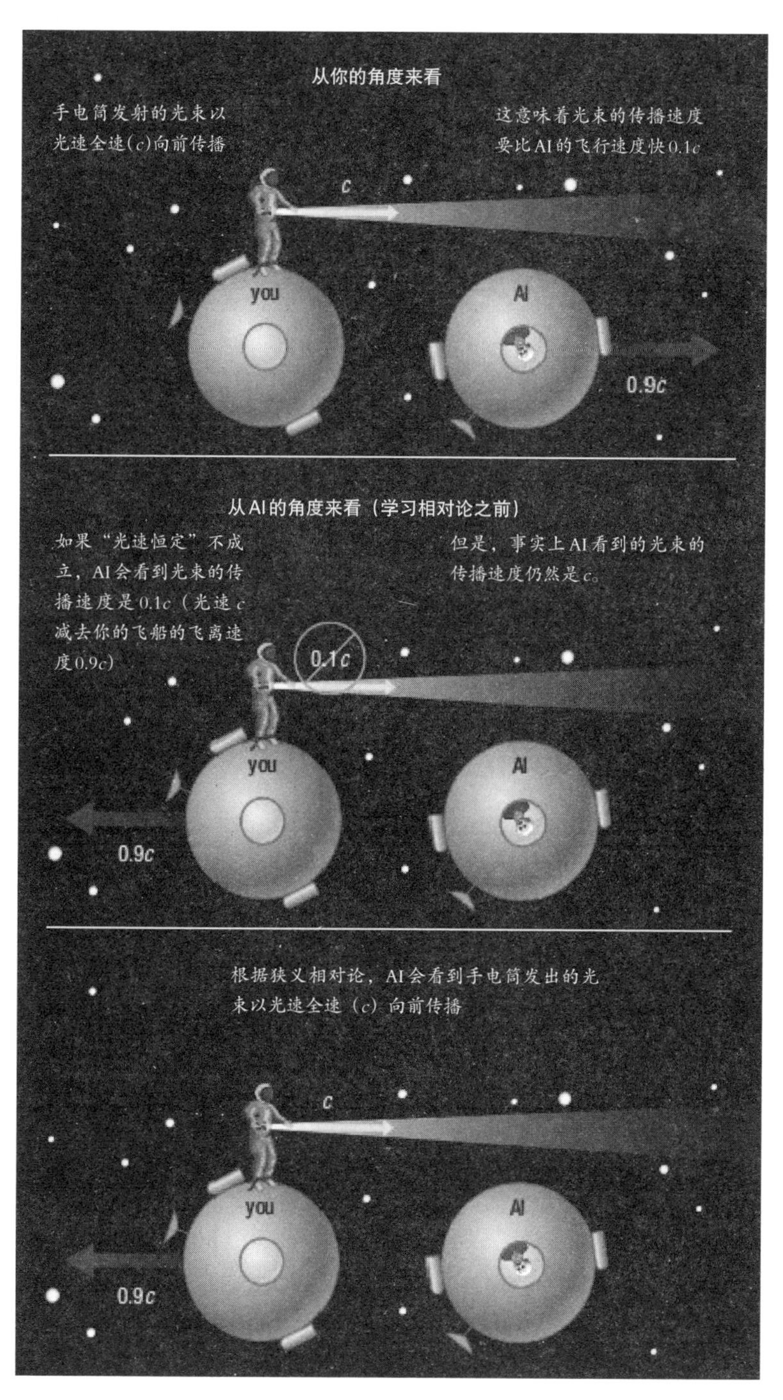

图2.3　这个高速条件下的思想实验表明了我们为什么说光速是恒定的。

你跑不过光

在我们的思想实验中，如果AI不是以0.9 c的速度从你的身边经过，而是以光速或者比光速更快的速度运动，会发生什么现象呢？这似乎是一个合理的问题，但请记住如果AI从你的身边经过时，他一定从某个地方向你这边飞来。让我们想想他开始的地方。既然AI说你才是那个以高速飞过他的人，让我们先考虑一下你是如何开始你的行程的反而更好。

你刚刚造出了有史以来速度最快的火箭，很快你就试乘了它，你发现火箭的飞行速度快得超出了所有人的想象。然后，你把加速手柄调到第二挡，第三挡……火箭越来越快，直到你开始怀疑：火箭的速度究竟会不会超过光速呢？

所有问题的关键是要记住一切运动都是相对的。因而，当问到你的速度是多快时，你需要先思考一个问题："以什么为参考系？"

让我们从你自己的角度开始，想象一下，当你打开火箭的前照灯时，因为每个人测量的光速都是一样的，你会看到它发出的光束全速（约每秒300 000千米）向前传播。这在任何时候和任何情况下都是一样的，无论你已经发动你的引擎多久了。也就是说，你所在火箭的飞行速度永远不可能超越前照灯发出的光束的速度。

现在，让我们看看其他人会对你有什么评价。无论是地球上的人，还是像AI一样在宇宙飞船里的人，或是其他人，根据相对论的理论，他们每个人都会认同两样事：首先，每个人都认为你的前灯以恒定的光速发射出去，并远离你，大约是每秒300 000千米。其次，还有一个事实，每个人都承认前灯的光束的速度超过了你的前进速度（图2.4）。现在你明白了，因为每个人都认可你的前照灯光束以光速传播，它们正在超越你，所以每个人

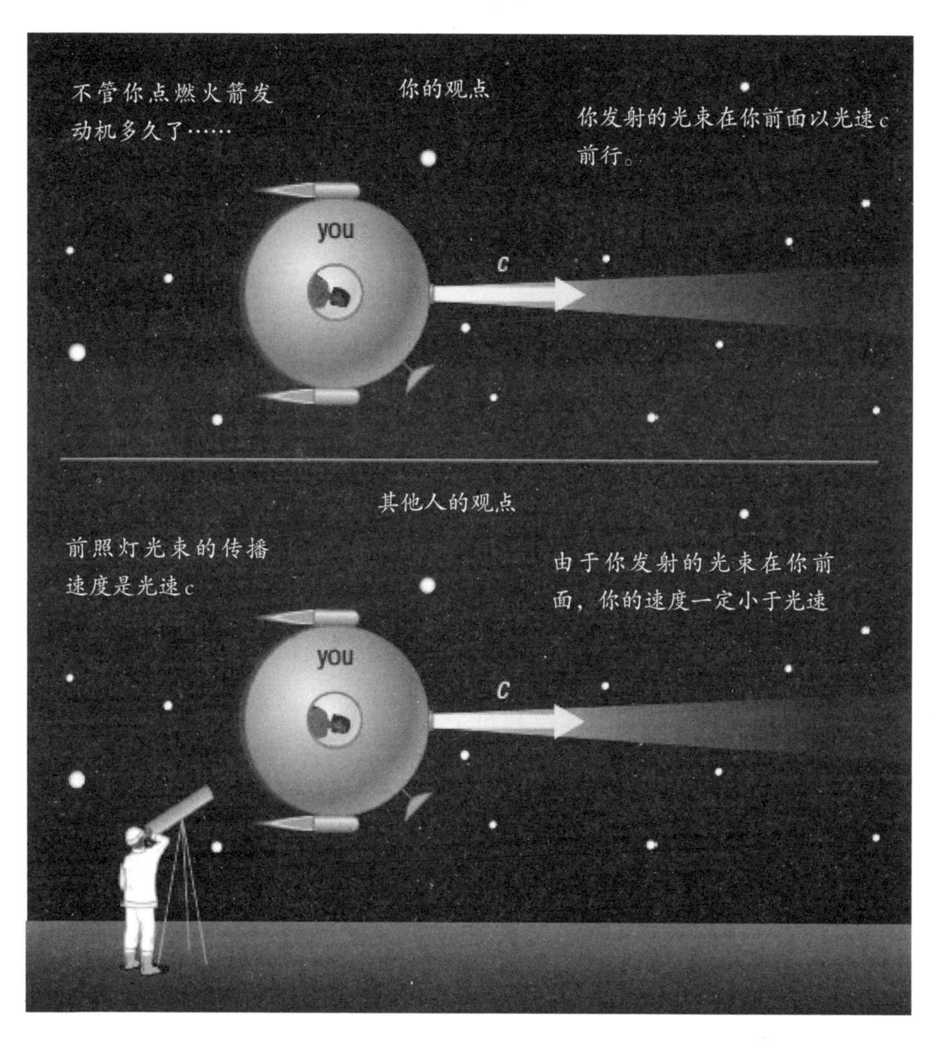

图2.4　此图总结了为什么光速是绝对的，也就是说你将永远无法达到光速。光速的绝对性意味着你永远无法跟上自己发射的光束，因为其他人也认为你发射的光束会超过你的速度，于是他们得出结论，你的旅行速度比光速要慢。

必然会得出结论，你的速度比光速要慢。同样的道理适用于所有的旅行者，或者任何移动的物体，无论有没有前照灯，这都是真理。所有的物体都会发出或者反射某种类型的光，因而，只要光速是绝对的，没有任何物体可以追上自己的光。

什么是相对论

你现在明白我之前所讲的意思了吧。当我提到你能否以超过光的速度旅行时，就和我问你能否从北极继续向北走一样。你不能从北极往北走，因为北极的任何方向都是南。无论采用什么办法，你都不可能超越光速，因为理论上没有任何物体的速度可以超越光速。你也无法造出一个以光速飞行的宇宙飞船，不仅从技术上来说它面临着挑战，而且从理论上讲它是不可能的。

我知道你可能还在寻找这个逻辑的漏洞。也许你在想我跟你们提到过的，那些遥远的星系随着宇宙的膨胀，它们可能以比光速还快的速度远离我们。难道这不就意味着，你——以及地球上的所有人——都在用比光还快的速度远离它们？从某种意义上来说确实如此，但这正是为什么它是一个有争议的问题。如果一个遥远的物体正在以比光速还快的速度远离你，那么它发出的光就不会捕捉到你，而你发出的光也不会捕捉到它[①]。因此，仍然没有任何测量方法可以证明你的速度超过了光速。再说一次，相对论告诉我们的不是“没有什么物体的速度跑得比光快”，而是任何物体都不能加速到超过光速。

那些熟悉量子力学的奇怪效应的人，同样也知道另一个漏洞——也就是说，某种情况下，会出现“量子纠缠”，在一个地方测量一个粒子，会同时影响到另一个地方的粒子。然而，尽管实验证明这种瞬时效应是确实可以发生，但是现代物理学还无法把量子纠缠理论应用于信号传递中。确实是这样的，如果你在第一个粒子的位置施加一个信号，希望证明第二个粒

---

① 一个小提示：正如我们在第8章中讨论的那样，遥远的星系并没有随着宇宙的膨胀真正“离开”我们；相反宇宙的膨胀让我们与遥远星系之间的空间随时间而扩张。因此，膨胀速率的变化可能意味着，在某些情况下，以比光速更快的速度远离我们的星系的光，最终仍会进入可观测的宇宙，使我们能够看到这些星系在遥远的过去的样子。事实上，超级望远镜现在经常观测到这样的星系。然而，只要我们和它们之间的距离以超过光速的速度增加，任何人或任何东西都不可能从我们这里旅行到它们那边。

子也会受到影响，你需要从第二个粒子的位置那里得到一个信号。但是这个信号不可能以比光速更快的速度传播到你那里。为了更快地了解这个情况，物理学家常常会喜欢说光的速度是信息传播速度的极限，但在我看来，这仍然等于在重复：任何物体的速度都不可能超越光速。

短跑运动员和光束

为了让大家明白光速绝对性的惊人意义，我再举个例子。我们不妨想象一下，有一个叫本（Ben）的未来田径冠军。在打破了100米的短跑世界纪录后不久，他被指控为了提高成绩使用了禁用药品。他是一个诚实的人，承认了自己的过错，不过，由于他明显缺乏悔过的精神，导致了在之后其他的比赛中被禁赛。于是，他决定通过不断地服用药剂来提高自己的成绩，并接受更高强度的训练，甚至比以往更加努力。有一天，他举行了一次新闻发布会，宣布自从他在与人类的比赛中被禁赛之后，他打算和光束进行一次赛跑。

本的发布会引起了一阵轰动，他很快找到了赞助商。终于，比赛的那天来临了，体育馆的入场券被售卖一空，枪声在挤满了人的体育馆里响起。本开始以超人的速度奔跑起来，以8秒的用时打破了世界100米的纪录。不过，令他沮丧的是，这并没有给观众留下深刻的印象。光束从砖头的缝隙中发射出来，以恒定的光速传播，走完相同的距离，它只用了不到百万分之一秒。本回到家中，觉得再一次被羞辱了，但他不是那种轻言放弃的人。

在接下来的两年中，他进行了秘密训练，尝试了各种可以增强体能的药剂，当他几乎被大众所遗忘时，本终于再次出现了，并宣布：“我准备再一次和光赛跑。”这一次很难像上一次那样找到赞助商。在比赛那天，观众很少，但对于那些亲眼目睹的人来说，一个令人难以置信的情景出现了。发令枪一响，本就以光速的99.99%的速度冲出起跑线，并一直保持这个速度跑到终点。整场比赛历时百万分之一秒，观众们极其兴奋地观看着慢速回放。

重播的时候，人们看到光束依然全速前进，因而光束再次获胜——但是这一次是险胜！因为本的速度仅比光速慢 0.000 1c，光束逐步超过了本，抵达终点线的时候，仅超过本一厘米。

人群变得疯狂了，电视记者们争相寻找本进行采访。但他似乎消失了，最后记者从更衣室里找到了本，发现本蹲在那里生闷气。“怎么了?”记者问。本转过身来，眼里含着泪水，说道:“虽然我经历了两年的训练和实验，但光束还是打败了我，就和上一次一模一样。”

你可能意识到发生了什么事情。从人群的角度来说，这次比赛本的速度与光速基本接近，只比光速差一点点。但在本看来，光速的绝对性意味着他会看到光束以光速全速前进，比他快。换句话说，光的速度和两年前一样快。他得到的唯一安慰，也让他感到非常吃惊的是，他发现当他跑起来时，赛程出乎意料地短。这就是我们下一章的主题。

第3章　重新定义空间和时间

本在奔跑的过程中体验到跑道缩短的感觉，和在第1章中你发现前往黑洞的旅程缩短了是一个道理。它还与为什么你在黑洞的旅程中时间过得比地球上的人慢有着密切关系，也与爱因斯坦狭义相对论所描述的其他效应相关。例如，处于不同参考系的观察者可能会对两个事件是否同时发生有不同的看法，以及著名的质能方程式 $E=mc^2$ 。

在这一章，我们采用思想实验来证明所有的这些惊人的想法是由光速的绝对性决定的。随后我们就会知道，让光速保持恒定，需要我们从根本上改变我们空间和时间的旧观念。先让我们从光速的恒定性如何影响时间开始讲起。

速度，距离和时间

在我们的日常生活中，我们经常发现，对于同一运动事件，尽管处于不同参考系中的观察者观察到的物体运动速度是不同的，但是他们感受到的物体运动时间是相同的。举一个简单的例子，在卷尺的帮助下，你仔细测量了从家到工作地的距离，恰好是10千米，你骑上自行车，从家里到办公室，会花费30分钟，即半小时。因为速度是用路程除以时间来定义的。你可以得出这样的结论，你的自行车的速度是10千米除以 $\frac{1}{2}$ 小时=20千米/时。现在假设从月球上来观察你的旅程，会看到什么样的结果呢？正如我们在图2.1里观察到的那样，月球上的观察者会发现你的速度要比每小时20千米更快，因为他们看到你同时还随着地球自转运动。假如你家和工作地恰好都位于赤道上，你自西向东骑行（和地球自转方向一致），月球上的观察者会说他们看到你在以每小时1 690千米的速度运动（你骑车的速度20千米/时，加上地球赤道自转的速度1 670千米/时）。这个速度比你想象的要大很多，他们可以看到你移动的距离很长，在你半个小时的骑行过程中，他们可以看到你移动了1 690千米的一半，即845千米。加上地球自转的速度，他们也可以得出从你家到工作的地方，在地表的距离为10千米，与你测量的距离一致。

如果我们让光束从你家发射到工作地，会发生什么？比如你可以打开手电筒，计算光从你家发射到工作地需要的时间（你可以这样完成这个任务，比如在工作地放一面镜子，测量光束往返所需要的时间，然后再除以2）。这一次，月球上的观察者观察到的光速和你观察到的光速是一样的，也就是说，他们会观察到你随着地球的自转而运动，并不会影响光束速度的测量。

现在我们来看问题的关键所在：由于地球自转，月球上的观察者看到的手电筒光束传播距离要大于你在地球上看到的光束传播距离，但是你和月球上的观察者测量的光束速度却是相同的，那么月球上的观察者测量到的光束从你家发射到工作地所用时间就要比你自己测量到的要长——速度等于路程除以时间。如果在相同的速度下，获得较大的距离和较小的距离的唯一办法是用不同的时间。从另一个角度来看，在光速恒定的基础下，由于你和月球上的观察者所测量的光束从你家到工作地的传播时间不同，你们两者所测量得到的光束的传播距离必然也不相同。也就是说，由于光速恒定，对于同一个光束运动事件，在不同参考系下测量得到的光束传播时间和传播距离是不同的。此时，这种差异还非常小，这是因为与光速相比，地球自转速度太小了[①]。如果我们现在转换到高速条件下的思想实验中，这种差异将会变得更加明显。

时间膨胀

你和AI都回到了各自的宇宙飞船里，在里面自由飘浮着。你感到自己是静止的，看到AI从你身边快速经过。当然了，AI说他是静止的，他看到你从他身边快速经过。到目前为止，你们的观点都没有问题，因为这仅仅反映了一个事实：所有的运动都是相对的。假设AI的飞船地板上放了一个激光器对准了天花板上的镜子，就像图3.1所示。AI发射瞬时激光，使光束直接到达天花板上的镜子，镜子再将其反射回地板。你们两个人使用非常精确的时钟，测量光束从AI的地板到达镜子然后再反射回地面的往返时间。会发现什么呢？

从你的角度来看，在光束从地板发射到屋顶，然后再反射回来，AI的飞船很明显地在高速向前移动。结果，你会看到光束在地板上呈现出如图3.1所示的三角形路径。按照我们发现相对论之前的思维来看，这没什么大不了的。你和AI都会认为从地板到屋顶往返的时间是相同的，但是你们在光束往返距离上的速度意见不一致。但事实并非如此，因为每个人测量到的光速都是相同的。

问题到底出在哪里呢？我们知道，当速度一定时，运动距离越长，运动所花费的时间就越长。比如，如果你以每小时100千米的速度旅行的话，你

①如果你想知道其中的差别到底有多大：你测量光从你家到工作地总共10千米的距离所需的时间大约是33微秒（10千米除以光速）。如果你把这33微秒乘以地球自转的速度，你会发现，在光从你家到工作地的过程中，地球自转只能带你转动大约15毫米的距离。换句话说，月球上的观测者会看到，由于地球的自转，你只多走了大约15毫米的距离，与你从家到工作地10千米的距离相比，这15毫米的距离是非常小的，所以对于你和月球上的观测者测量时间和距离的方式只有非常小的影响。

走15千米，要比走10千米用的时间要长。那么，再回到我们的飞船里来，你和AI都认可光以光速传播，即每秒300 000千米，由于你观测到的光束传播的三角形路径要比AI看到的直线路径距离长，那么你测量到的光束传播时间就会更长。也就是说，如果你在这个时候看一下AI飞船上的钟表，就会发现它的速度比你的慢，因为只有这样，他的时钟才能在光束往返过程中显示出比你的时钟更少的时间。

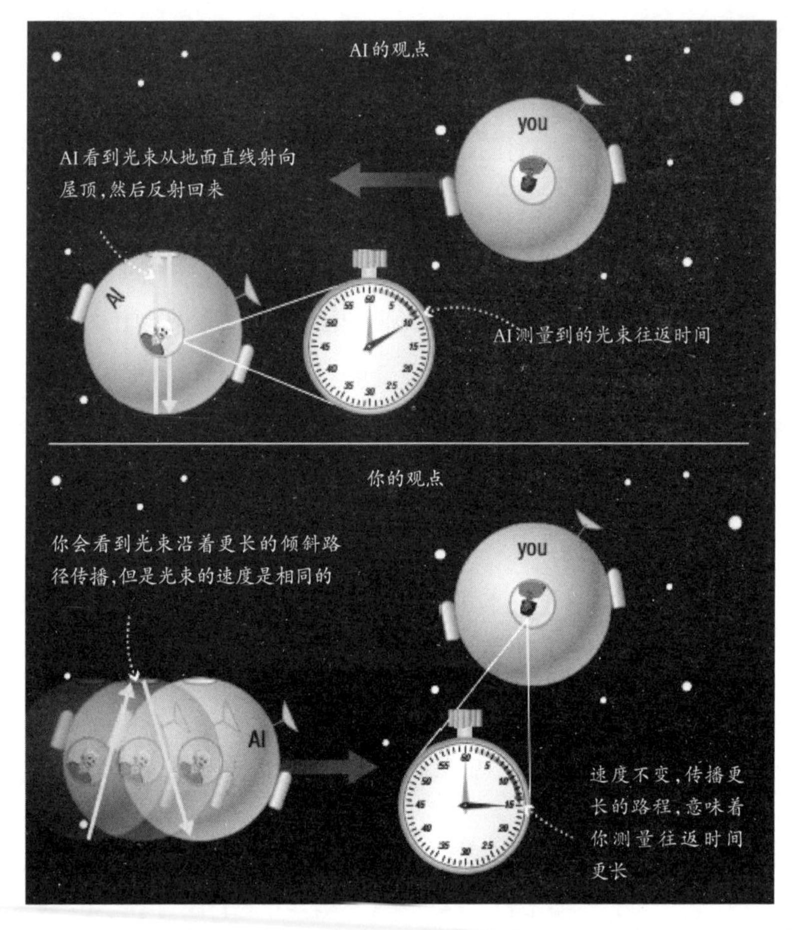

图3.1　AI将一束激光从地板照射到屋顶的镜子上，然后再反射回去，他同时向前移动，你会发现光束所运动的轨迹是更长的三角形路径。因为你和AI都认为光速恒定，光束一定会花更长的时间才能走完更长的路。

请注意，你和AI用何种钟表来测量光束往返的时间并不重要。无论用机械钟、电子表、原子表，还是你的心跳，或者其他生物反应来进行测量，你都会得到同样的结论。无论哪种情况，你都会发现AI的时钟比你的要慢。我们得出惊人的结论：从你的观点来看，时间本身对AI来说变慢了。

AI的时间变慢了多少呢？这取决于他相对于你的速度。如果他以比光速较慢的速度运动的话，你几乎无法察觉到光路的倾斜，你的时钟和AI的时钟相比，几乎以相同的速度嘀嗒。这就是为什么在日常生活中你没有注意到这些变化，因为飞船的速度只是光束速度很小的一部分。只有当AI的宇宙飞船速度接近光速时，你所观察到的光路的倾斜角度——AI的时间变慢——才明显。AI的飞船飞行的相对速度越快，你所观察到的光路倾斜角就越大，他的时钟和你的时钟运行速度之间的差异就会越大。

这种相对于你运动的参考系中产生的时间变慢的现象叫做时间膨胀效应。这个术语来源于在一个运动的参考系中时间被膨胀的概念。另一个参考系的运动速度越快，你看到他所经历的时间就越慢。

如果你想知道得更精确，其实很容易计算出在运动参考系中时间减慢的因子数值。我们只需遵循以下三个简单的步骤：[①]

1.将移动物体的速度除以光速得到一个数值，把这个数值写下来。

2.用数字1减去这个数值的平方。

3.取计算结果的平方根 。

例如，假设AI以90%的光速，或者0.9c的速度，从你身边经过。我们的第一步是写下0.9 这个数，第二步取这个数的平方，结果是$0.9^2=0.81$，然

① 如果你不介意应用数学方程，将这三个步骤代入下面的方程式会更容易得出结论（这个方程式可以通过将勾股定理应用于图3.1中的三角形光路推导得出）：运动参考系中的时间＝你在静止参考系中的时间 × $\sqrt{1-(v/c)^2}$。

后用1减去0.81，得到的是1- 0.81=0.19。最后一步是求平方根，用计算器算一下得出 $\sqrt{0.19}\approx 0.44$。这告诉我们，当AI以0.9c的速度经过你时，你会发现时光对于他流逝的速度只有你的时间流逝速度的44%。换句话说，如果你能持续观察从你身边经过的AI 10秒钟的话，你会发现他的时钟只花了4.4秒。相同的道理，当你经历了100年的时候，对于他来说只过去了44年。

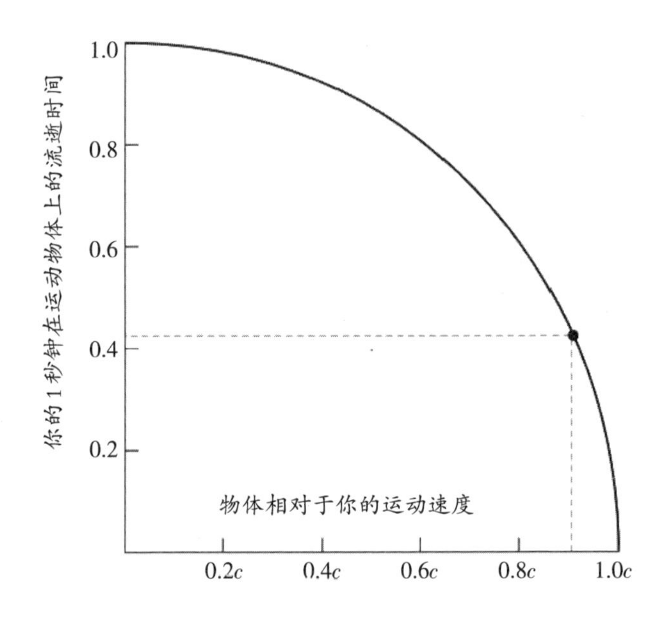

图3.2　该图显示了物体的运动速度接近光速的时候，时间减慢，虚线表示在0.9c的速度下，时间减慢到了44%；在更高的速度下，时间会更加缓慢。原则上，当物体以光速运动的时候，时间将会停止。

我们可以用一张图来清晰地呈现，随着运动物体速度的增加，时间是如何变慢的。结果如图3.2中所示：横轴显示的是你测量的物体的速度，而纵轴显示的是在你的每秒内物体经历了多少时间（以秒为单位）。在比光速低的速度下，运动物体经过的时间几乎与1秒钟没有差别，这意味着你的时间和移动物体的时间将以几乎相同的速度流逝。但是随着物体运动速度的增加，它的时间明显减慢。例如，图3.2的虚线显示了我们之前得出的结论，即当AI相对于你以0.9c的速度飞行时，你会观察到你每度过1秒，AI的时间只经过0.44秒。请注意物体的速度接近于光速，时间也就趋近于零，这也是物体越来越趋近于光速，时间越来越慢的原因。

时间膨胀效应从另一个角度证明了“光速恒定不可超越”。想象一下，你看到一艘宇宙飞船在你的身旁加速离开，宇航员不断地加大引擎，飞船的速度越来越快。当飞船的速度接近光速的时候，它的时间就会过得非常慢，意味着你会看到宇宙飞船的引擎慢慢地越来越弱，即使宇航员一直不停地加大引擎。尽管宇宙飞船的速度可以越来越接近光速，但是引擎永远不可能让宇宙飞船实现最后一次助推，以让它的速度达到光速，因为时间在那个速度上完全停止了。在某种意义上说，宇宙飞船永远不可能达到光速，因为没有足够的时间。

长度和质量

在不同的参考系中，所感受到的时间是不同的，也就意味着运动距离（长度）和运动物体质量也会受到运动的影响。现在，让我们再回到短跑运动员本和光束赛跑的故事。

当本沿着百米跑道以接近光束的速度奔跑时，他的时间比我们以及赛场上的其他观众所经历的时间要慢得多。事实上，当他以0.999 9c的速度冲向终点时，我们通过上一讲中的方法可以计算得到，他感受到的赛跑时间是观众感受到的赛跑时间的1.4%，即$\sqrt{(1-0.9999)^2}=0.014$，他自己测量到的赛跑路程也是观众测量到的路程的1.4%。也就是说，观众眼里100米的赛跑距离在本（Ben）看来只有1.4米。

什么是相对论

我们可以用同样的道理来解释第1章你在黑洞旅行的情况。回想一下，你以光速99%的速度或者0.99c的速度旅行，通过计算会发现，你在黑洞旅行中所经历的时间仅为地球上你的同伴们所经历时间的14%。也就是说，在地球上看你的黑洞旅行历时50.5年（旅行50年，在黑洞中停留6个月），而在你自己看来，你的旅行时间只有50年的14%，也就是7年的时间。（你绕着黑洞旅行了6个月，对你以及对我们地球上的人基本都是一样的时间，因为你的运行轨道离黑洞足够远，黑洞的引力对你的时间影响很小。）此外，你和我们就你的相对运动速度看法一致，正如我们之前所说，你正以0.99c的速度远离地球，而你会说地球正在以0.99c的速度远离你。因此，既然你只花了我们认为所需花费时间的14%就完成了整个旅程，那么你所走的路程也只有我们所认为该走的路程的14%。这就是为什么当你加快速度时，距离黑洞25光年的距离会缩小到3.5光年。

旅行者经历距离缩短的现象可以反过来引出一个密切相关的结论：运动总是相对的，所有的观点都是有效的。比如，从本的角度来看，在这场比赛中，他只是动了动腿，整个跑道缩短了，从他的脚下滑过，我们将会发现他在我们看到他经过的方向上缩小了[①]。换句话说，我们会测量到本在他跑动的方向上被压扁了（他的身高和宽度没有受到任何影响）。同理，如果你乘坐的驶向黑洞的宇宙飞船的长度是100米，当它高速前进时，你会看到它比静止时的长度变短了。相对论将这种运动速度对距离和长度的影响称为长度收缩效应。一个运动物体长度收缩的因子和我们看到它时间膨胀的因子是一样的，因而，你可以用图3.2中速度和时间的变化关系理解速度和长度的变化关系。

---

①仔细研究这个情形可以让我们得到以下结论：本在他运动的方向上缩小了。然而当我们看到他时，实际上，他不会被压缩。因为在如此高的速度之下，我们实际看到的是他的身体不同部位从跑道上反射光线抵达我们的距离差。许多网站都展示了当物体朝着我们高速移动的时候，真实样子的模拟。

说到质量，相对论告诉我们，运动物体的质量要比静止物体的质量大[①]。如果你想知道大多少，只需要将该物体静止状态的质量除以我们前面计算得到的同一因子——时间膨胀和长度收缩的因子。例如，在你以0.99c的速度前往黑洞的旅程中，你会发现你用的时间只有我们的14%，你的飞船的长度只有静止状态下的14%，14%相当于0.14，我们可以说你的质量可能是静止时的 $1\div0.14\approx7.1$ 倍。换句话说，如果一个正常人静止状态的质量是50千克，那么当你以99%的光速运动时，你的质量几乎会增加到50千克 × 7.1 =355 千克。要记住，这个时候你依然认为自己有着正常的体重，因为在你看来自己是静止的，只有我们这些观察你的人才可以看到你的质量在增加。比如，如果你撞到什么东西的时候，所受到的力会是你以正常质量撞击时所受力的7倍，因而证明你以0.99c的速度运动时的质量是静止时质量的7倍。

为什么质量会以这种方式增加？这里有几种等效的方式来看待这个问题。但我发现用另一种思想实验更加有效。假设Al有一个孪生兄弟乘坐着另一艘相同的太空飞船，以你为参考系，Al的孪生兄弟保持相对静止状态，而Al则从你身旁高速飞过。在Al经过的那一瞬间，你给Al和他的孪生兄弟所乘坐的宇宙飞船施加相同的推力。也就是说在同一时间给他们施加相同的推力，如果在没有学习相对论的知识之前，因为两个飞船具有相同的质量，可以预见你的推力会让Al和他的兄弟同时加速，如果以你为参考物，它们的速度可以增加每秒1千米。现在想想时间发生了什么变化：由于

①质量增加的概念在某种意义上是一种过于简化的概念，因为实际上我们观察到的是一个运动物体的动量和能量，在相对论的数学处理中，这些被合并成所谓的“能量动量”（或“四维动量”）。出于这个原因，尽管“质量增加”作为相对论的一部分被传授了几十年，而现在大多数物理学家更倾向于从影响动量能量的增长来考虑，把质量当作一个不随速度增加的不变量。如果你进一步研究相对论，这个区别将非常重要。但对于这本书中的“直观介绍”，使用质量增加的旧思维方式将更容易些。

AI相对于你和他的孪生兄弟高速前进，AI的时间要比你和他的孪生兄弟慢很多——这意味着他所受推力的时间要比他的孪生兄弟受力时间短。因为他经受推力的时间要短，这个力对他的作用将会很小，对他的飞船的加速要小于对孪生兄弟的加速。如果AI的质量比他的孪生兄弟大时，才可以解释为什么同样的推力引起AI的加速度比他的孪生兄弟小[①]。

这个质量增加的理论从另一个角度解释了为什么没有任何物体的速度可以超越光速。物体相对于你移动得越快，你会发现它的质量也会越大。因此，当一个物体朝你以越来越快的速度驶来，给它施加同样的力使物体的加速幅度越来越小。当一个物体的速度趋近于光速的时候，它的质量正趋于无限大，没有任何力可以使无限大的质量加速，所以物体永远不可能获得把它推到光速所需的最后一点速度。

同时性的相对性

我们已经讨论了狭义相对论的最重要的结论，即运动参考系中的物体：1.时间变慢；2.长度收缩；3.质量增加。从这三个结论中，我们可以提出许多惊人的，而且看似矛盾的狭义相对论的观点。我们无法在这本书中简单概括所有的关于相对论的内容，当我们在下一章中试图重新定义“常识”来适应相对论时，我想提醒你们要注意一个很重要的概念，它有时被称为“同时性的相对性”。

过去的常识告诉我们，我们每个人都必须在两件事情是否同时发生，或者一件事情是否发生在另一件事之前的问题上达成一致。比如，如果你看到两个苹果——一个红苹果，一个绿苹果，同时从不同的树上掉到了地

① 再次，请记住“质量增加”的概念已不再是物理学家研究相对论时常使用的概念。但只有当你进一步研究相对论的时候，这样的区别才会重要，它不会影响我们的“直观介绍”。

面，你也预料其他人也会看到这两个苹果同时落地（假设你考虑了光速在两棵树木之间旅行时间的差异）。那么同样地，如果你看到绿苹果比红苹果先掉下来，而其他人说看到红苹果先掉下来，你会感到很惊讶。好，做好准备大吃一惊吧！

不过，你先不要惊讶，在此之前，你必须搞清楚什么是相对的，什么是绝对的。尽管我们发现，观察者在不同的参考系中，对于发生在不同地方的事件的顺序或同时性问题不一定能达成一致的意见，每一个人都肯定认为每一个特定的地点事件有发生的顺序。比如，如果你拿起一个饼干，吃掉它，每个人都认为你是在拿起饼干之后才吃掉了饼干。

现在开始我们的思想实验，Al拥有一架全新的、超长的飞船，朝你以光速的90%的速度（$0.9c$）驶来。他坐在飞船的中部，里面漆黑一片，只有飞船的前部闪烁着绿灯，飞船后部闪烁着红灯。想象一下，如图3.3上半部分所示，你看到绿灯和红灯正好同时闪烁着。请注意，在灯光闪烁的瞬间，Al恰好经过你。Al向前移动会把他带到你看到绿灯闪烁的地方。结果，Al先看到了绿色的灯光，之后看到了红色的灯光，到目前为止，没有什么值得惊讶：你同时看到了两种光束，因为你是静止的，但是Al先看到了绿光，之后看到了红光，由于他在向前移动。但是，现在让我们从Al的角度来看一下，会发生什么呢？在Al看来，他自己是静止的，而你是移动的那个人。

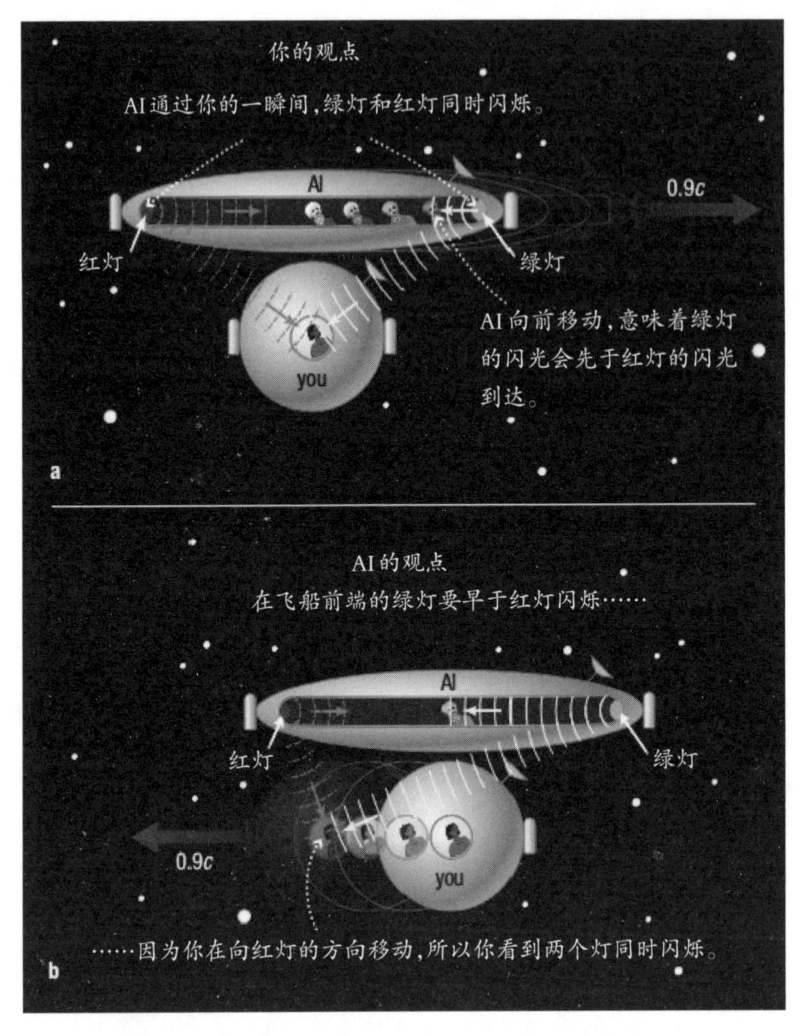

图3.3　你看到两个灯的光同时到达你身边，但是AI先看到绿灯的光到达，然后再看到红灯的光。你会得出结论：两盏灯是同时闪烁的，但AI会得出结论：绿灯先闪。

请记住：运动不能影响在同一个地方事件发生的顺序，因而，如果你在同一个地方，你会看到绿灯和红灯同时照亮了你，每个人都会认为两种光束都同时抵达你身边。与此同时，每个人都认同，在吃饼干之前，你必须先把饼干拿起来。相同的道理，包括AI在内的每个人，都同意AI首先看到绿灯，之后才看到红灯。由于AI认为自己在飞船的中心处于静止状态，绿灯和红灯与他的距离都相同。因此，从他的角度来看，他之所以先看到绿灯只能是因为绿灯首先闪烁。换句话说，他会看到图3.3下半部分所示的情形：他会说绿灯的闪烁发生在红灯的闪烁之前，而两个灯的光束同时抵达你的原因是你在朝着红灯闪烁的方向运动。

从不同的角度来看，也可以出现其他观点。例如，在你的参考系中，一艘飞船载着人朝与AI相反方向移动，他会发现红色的灯先亮。因此，我们对事件的先后顺序至少有三种不同的观点：你说两盏灯同时亮，AI说绿灯比红灯先亮，一个朝相反方向移动的观察者说红灯先亮。一切运动都是相对的，因而你们全部都是正确的。新的常识让我们意识到一个新的事实，并不是所有的观察者都会在事件发生的顺序或者同时性问题上达成一致。

时空

所有的这些关于时间、长度、质量，甚至是事件发生的顺序的争论，可能开始让你怀疑“一切”究竟是不是相对的。但你会发现一些规律，我们可以把长度当作对空间的度量（因为空间有长度、宽度和深度），而时间和空间对不同的观察者来说，可能会有所不同。即确保从任何观察者角度来看，一切都是自洽的。请你想一下，这种自洽性实际上就是我们相对论中提到的第一个绝对，即自然法则对每一个人都是一样的。记住，所有发现的这些结果都是通过第二个绝对得到的，即每个人测量的光速相同。

爱因斯坦和其他人研究了如何用数学表现出这些想法来。他们发现了一些非常重要的现象：对于不同观察者来说，对空间和时间的测量可能是独立而不同的，但被称为时空的时间和空间的组合对每个人来说是一样的。

要了解时空是什么意思，你必须了解“维度”的概念。我们可以将维度定义为物体可以独立移动的方向的数量，一个点没有维度。如果一个几何囚犯被限制在一个点，他将无处可去。沿着一个方向来回描点，直到生成直线，这条直线是一维的，因为只能朝一个方向运动。（朝相反的方向运动，则被认为是前进方向的反方向。）把一条直线来回扫过，就形成一个拥有长度和宽度的二维平面，两个可能的运动方向是横向和纵向，任何其他方向都是这两个方向的组合。如果我们上下延伸一个平面，就得到了一个三维的空间，包括长度、宽度和深度这三个独立的方向。图3.4 总结了这些想法。

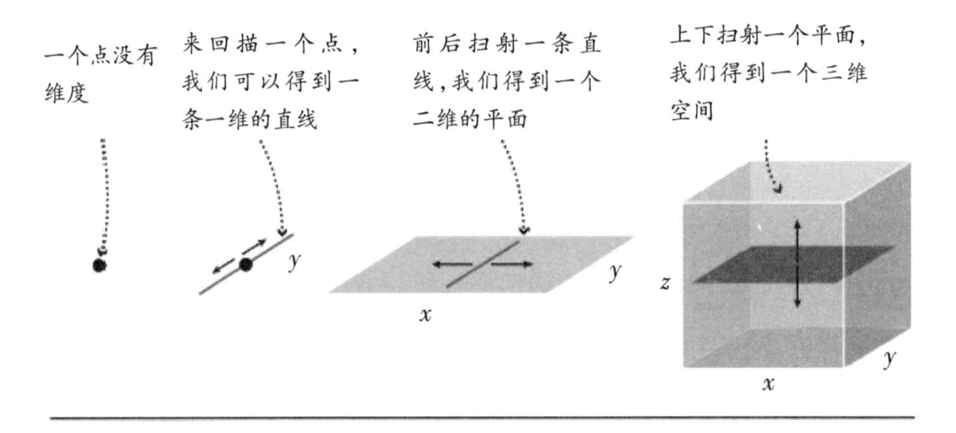

图3.4　这些图展示了我们如何构建三维空间

我们生活在一个三维空间里，我们只能看到长度、宽度和深度（或者它们的组合），然而，我们看不到其他的方向，并不意味着它们不存在。如果我们让这个三维空间在其他方向上来回移动，我们就得到了“四维空间”，虽然我们看不到四维空间，不过用数学很容易描述出来。在代数中，我们用变量x来表示一维，二维是含有两个变量x和y，以及三维是含有三个变量x、y、z。这样的话，四维只需要加另一个变量即x、y、z和w，在理论上，我们可以继续探讨五维、六维，等等。

任何具有三个以上维度的空间都被称为超空间，意思是“超越空间”。时空是一个特殊的超空间，其中四个可能运动的方向是长度、宽度、深度以及时间。请注意，时间不是第四维度，而是四个变量之一。尽管我们无法画出具有四个维度的时空，但是我们不妨想象一下四维时空是如何运转的。在四维时空中，除了我们平常看到的三维空间之外，每个物体都随着时间的流逝而伸展。我们日常生活中看到的三维物体在时空中会延展成四维物体。如果我们能看到四维空间，我们就能看到时间，就像我们看左右那么容易。如果我们看到了一个人，就可以看到这个人身上发生的每一件事。如果我们想知道某个时候真实发生了什么历史事件，我们只需要将时间倒流回去，寻找答案。

时空的概念提供了一个简单的方式，来理解为什么不同的观察者对时间和空间的测量不同。尽管我们不能马上让四维时空可视化，但是可以用三维空间来类比。假如你把同一本书给了不同的人，让每个人测量书的维度，他们都会得到相同的结论，这本书是三维的。那么，现在假设你只向每个人展示这本书的二维图片，而不是这本书本身。这些图片可能看起来非常不同，即使它们都显示的是同一本书（图3.5）。如果人们相信书的二维图片反映了现实，他们会以不同的方式测量书的长度和宽度，得到关于书的真实样子的不同结论。在日常生活中，我们只能感知三个维度，现在假设我们所感知到的三个维度可以反映现实世界。但时空实际上是四维的。就像不同的人可以在同一本三维书中看到不同的二维图像，不同的观察者也可以看到同一时空现实中不同的三维图像。这些不同的“画面”是观察者以不同的参考物对时间和空间不同的理解。这就是不同的观察者在测量时间、长度和质量时，尽管他们实际看到的是相同的时空现实，但会得到不同结论的原因。引用E. F. 泰勒（E. F. Taylor）和约翰·阿奇博尔德·惠勒（J. A. Wheeler）在物理学教材《时空物理学》（*Spacetime Physics*）中提到的关于时空的经典论述：

> 对于不同的观察者来说，空间是不同的。
>
> 对于不同的观察者来说，时间是不同的。
>
> 时空对于每一个人来说都是一样的。

一本书显示出明确的三维形状

这本书的二维图片看起来会很不一样

图3.5　正如一个三维物体之所以看起来不同，取决于拍摄的二维照片的角度。当观察者用不同的方法在一个时空里观察一个物体时，会得到关于这个物体真实性的不同结果。

关于时空，我再补充一点，主要针对那些对四维时空可视化感兴趣并且不介意数学的读者。（其他人可以跳过此段。）假设你在一幅图的中心画了一点，在离这一点不远处画了第二点。根据你所画的不同的x轴（水平轴）和y轴（垂直轴）建立的坐标系，你得到的第二个点的x和y坐标值是不同的。然而，无论你建立什么样的坐标系，计算得到的两点之间的距离是相同的，即$\sqrt{x^2+y^2}$。同理，从原点到三维空间里的任何一点的距离，始终为$\sqrt{x^2+y^2+z^2}$，无论这三个坐标轴指向什么方向。时空对每个人都是一样的，两个事件之间一定有一个“时空距离”，更正式的说法是“时空间隔”。无论每个人单独测量的时间和空间是什么样的，他们得到的时空间隔都是相同的。你预期的时空间隔的数学表达式可能与前面的方程类似，只不过需要在平方根下面再加上一个t^2。然而，时空间隔的表达式却略有不同，即$\sqrt{x^2+y^2+z^2-t^2}$①。减号的介入增加了时空的几何形状的复杂性。例如，对于三维空间中的两个点，只有当它们处于同一位置时，才能使这两个点的三维距离变为零；但对于时空中的两个事件，即使它们在时空中是分开的，它们可以通过某个四维时光通道建立连接，这两个事件之间的间隔就可能变为零。在这本书中，我们不介绍这一点，如果您想继续研究相对论，就会遇到这个问题。

著名的方程式：$E=mc^2$

我们可以把这本书和其他同类的书进行类比（图3.5），来更深入地了解长度的收缩、时间的膨胀和质量的增加。让我们试着想象在时空中有两本

① 喜欢数学的读者会注意到t是时间的单位，而x、y、z是长度的单位。为了使单位一致，你可以用ct来代表t。在本书中，我们将假设做了这样的替换。

书，其中一本书相对于你的参考系是静止的，另一本在你身边高速移动。为了简单起见，假设一小时前这两本书就在你的眼前，让我们想象一下这两本书在这一小时内的运动轨迹。

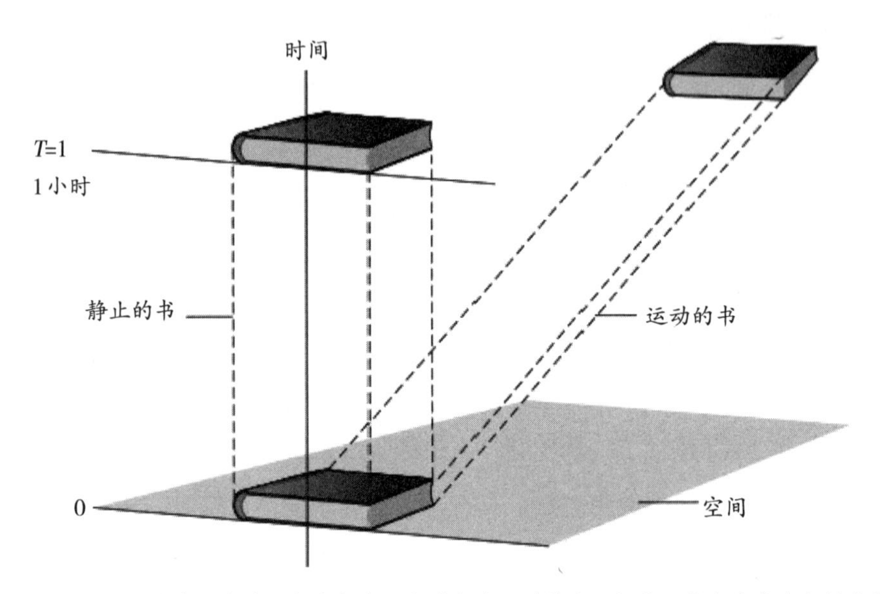

图3.6　如果我们将时空中的书在一小时内的运动轨迹可视化，静止的书在空间上是固定不变的，但在时间上是运动的，而运动的书在空间上和时间上都是运动的

我们当然无法描绘出时空的所有的四个维度，然而，我们可以用平面表示空间，然后用一条向上的轴表示时间，正如图3.6所示。（从技术上讲，这意味着我们仅仅可以展示出书的两个空间维度，不过我们将忽略这个细节。）相对于你的参考系静止的书，它只是沿着时间轴的方向延伸了一小时的“距离”；而相对于你的参考系高速运动的书，它从同一位置开始运动，但是在一小时之内，它在空间轴的方向却延伸了很长的距离，和时间轴同时移动。

现在，请记住，尽管每个人都认为这本书在四维空间中，然而我们只能观察到这本书的三维结构。当我们观察这本静止的书的时候，你正在把书沿时间轴平行移动。因而你只能看到（或测量）它的三个空间维度，而没有时间维度。这就和我们在之前的类比中看这本书的封面一样，你会看到这本书的长度和宽度，而看不到这本书的厚度。相比之下，观察这本运动的书，就和观察它以某种角度旋转时一样。比如一本书的二维照片，你把它的封面旋转一个角度，它看起来可能更小。你对这本书从三维角度来观察，也会让其中一个维度缩小，即长度收缩现象。另外，旋转这张图片意味着展现了这本书的厚度——在此之前你并没有观察到。时空的“旋转”，意味着你可以观察到这本书的部分时间维度，表现为时间膨胀。

到目前为止，一切都还好理解，但是如何理解质量增大的效应呢？相对论之前的物理学认为有两个物理量通常被认为是独立而守恒的：质量和能量。也就是说，科学家认为在一个封闭的系统中（一个不受外力影响的系统），物体的总质量始终保持不变，总能量也保持不变。但是相对论表明，物体的质量随着运动而变化，也就是说它不再单独守恒了；相反，它一定是守恒的质量和能量的结合。现在，让我们在时空中探讨这个想法。

你一定记得运动的物体拥有动能：这个物体运动得越快，其动能越大[①]。这意味着在学习相对论之前，你的物理知识告诉你，不运动的物体，没有能量。但是在相对论中，我们不能忽略时间，所有的物体本质上都是在时间中运动。另外，因为时间不是“第四维度”，而只是四个时空维度之一，因此当我们考虑物体能量的时候，没有理由认为应该被忽略。

爱因斯坦利用他狭义相对论中的方程研究了这个问题（尽管以某种不同的方式），并发现正常的动能之外，确实存在着一种能量的额外组成部

①在相对论之前的物理学中，物体动能的公式是 $\frac{1}{2}mv^2$，其中 m 是物体的质量，v 是物体的速度。

分，这是以前没有被认识到的。他发现，对于一个运动的物体，这个额外的能量表现为质量的增加，可以用一个简单的公式来表示。更令人惊讶的是，他还发现，即使对于空间中不运动的物体（即静止的物体），也存在与“时间穿梭”相关的能量。虽然在这本书中，我们不会详细讲述这一点，但通过一个相对简单的代数式可以让你从质量增加公式中计算出这个静止能量。这个能量等于 mc^2 ，m 是物体的静态质量（它的质量是在一个参考系中测量得到的，在参考系中它处于静止状态），c 是光速，如果我们用 E 代表能量的时候，我们得到了世界上可能最著名的方程式：$E= mc^2$。

这个方程告诉我们，至少在某种情况下，有可能将质量转换成能量，反之亦然。另外，c^2 这个变量表示很大的数字（按照标准单位制，c^2= $300\ 000\ 000^2 m^2/s^2=9\times10^{16} m^2/s^2$）， 它告诉我们很小的质量会产生巨大的能量。例如，第二次世界大战期间使用的原子弹所释放的能量仅来自于1克的质量（约相当于一枚回形针的质量）的转化。$E = mc^2$，同样的道理可以解释太阳如何发光。它是通过核聚变，不断将其小部分质量转换为能量。

一般情况下，$E = mc^2$，表示了物体的质量与其静止时所包含的能量之间的一种等价关系。请记住，你看这个方程式就像看时间和空间的方程式一样。也就是说，虽然我们知道，时间和空间只是单个时空的两种不同的维度，但时间和空间在我们日常生活中是完全不同的。同样地，质量和能量在大多数情况下，对我们来说是不同的，而在日常生活中我们很少注意到它们是等价的。不过，在罕见的情况下，我们可以观察到这个等效性——质量和能量相互转化，比如核弹或者恒星发出的光，证明了爱因斯坦狭义相对论的著名的方程式对我们的影响有多么深远。同时，它们也表明，衍生出这一方程式的狭义相对论是一个影响我们所有人日常生活的非常重要的理论。

第4章　一个新常识

在第2章和第3章中，我们探讨了爱因斯坦狭义相对论的主要结论是如何从两个简单的绝对性中得出的：自然法则对每个人都是绝对相同的；每个人测量的光速也都是绝对相同的。我们发现你不可能跑得比光还快，我们也发现对于时间、空间和质量，不同参考系（指的是彼此相对运动的参考系）中的观察者会得到不同的测量结果；我们还发现，对于不同地点发生的两个事件的先后顺序，不同的观察者未必会得出同样的结论。此外，我们还看到，一个物体的静态质量和能量之间存在着一种等价关系，这种等价关系可以用爱因斯坦的著名方程式来描述：$E = mc^2$。

我希望你理解这一切并不会特别难。我们仅通过一些思想实验就完成了几乎所有工作，并且只使用了很少的数学方法。不过，尽管如此简单，但是你可能还在想："是吗？"毕竟，通过逻辑推理得出相对论的惊人结论是一回事，而宣称这些惊人结论"有意义"是另一回事。因此，在本章中，我将尝试帮助你理解已经学过的观点，并使它们变得有意义。

在我们开始之前，值得一提的是，与人们的普遍认识相反，狭义相对论并没有真正违背常识。只有当我们在面对以接近光速的速度运动的物体时，我们在日常生活中所期望的与相对论告诉我们的结论之间的差异才变得明显，如此高的速度并不是我们日常经历的一部分。对于我们不经常经历的事物，我们不可能具有"常识"。

理解相对论遇到的真正问题是，我们常常认为我们在低速运转的日常生活中得到的常识也应该适用于高速运转的世界。但是我们为什么要这样认为呢？毕竟，在许多其他情况下，我们在有限的情境下所学到的东西，往往被证明需要经过修正后才能适用于更广泛的情境。

思考一下“上”和“下”的含义。在很小的时候，你就学会了上和下的“常识”：上是指在你的头上，下是指在你的脚下，而且物体总是趋向于往下掉。这个常识对作为一个小孩子的你来说非常奏效，而且当你把它应用到家里或社区里时，它仍然很有效。但是，有一天，你了解到地球是圆的，你知道了如何用地球仪来表示地球。你可能不记得了，但是这一幕很可能给你造成了一次小小的智力危机（如图4.1）。毕竟，如果北半球在地球上面，那么你的常识便会清楚地告诉你，澳大利亚人将不得不从地球上掉下去。因为你知道澳大利亚人是不会从地球上掉下去的，你被迫接受了这样一个事实：你关于上和下的“常识”是错误的。所以，你对你的常识进行了修正，以使你认识到上和下事实上是相对于地球中心而确定的，并且只有当你只观察地球表面的一小部分时，在空间中上和下才看起来是绝对的。

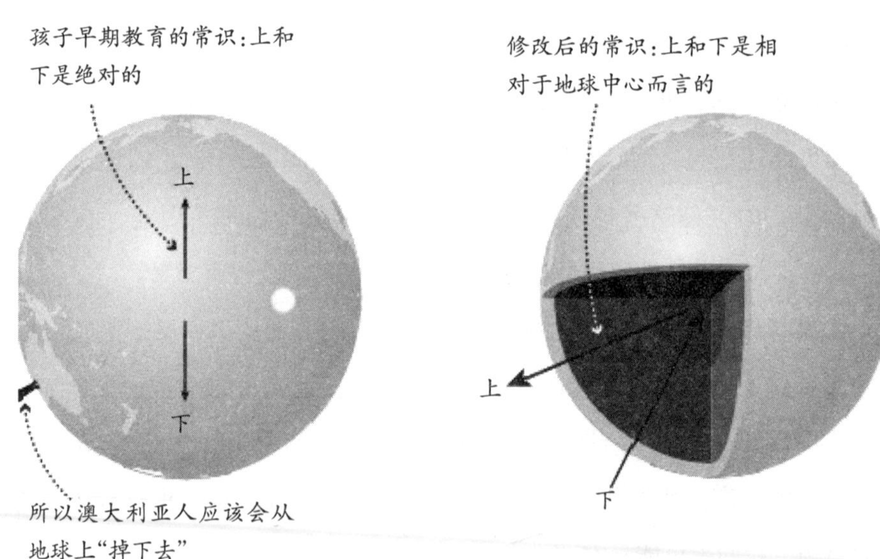

图4.1　你最初关于上和下的“常识”仅基于地球上的很小一部分地区的经验，因此必须加以修正，以适应澳大利亚人不会坠落的事实。同样，必须对你关于空间和时间的低速条件下的常识进行修正，以适应相对论告诉我们的关于高速条件下的知识。

要想理解相对论需要对你的常识进行同样的修正。你关于空间和时间的低速条件下的常识就目前而言是不错的，就像在篮球比赛中把上下看作绝对概念一样。但是，正如当你把地球作为一个整体来看时，必须重新定义上和下一样，如果你想观察所有可能的运动，就必须重新定义时间和空间。这需要花些精力，但实际上没什么大不了的。毕竟，你的新常识将建立在你的旧常识上，并且仍然与你在日常生活中经常经历的一切事物完美契合。

运动的相对性

为了让你开始建立一种新的常识，恐怕我首先要向你指出，相对论的某些结论可能比它们目前所呈现的看起来更怪诞。因此，请回到你的飞船中，与你的朋友AI进行另一个高速条件下的思想实验。

当你看向窗外时，你看到AI以接近光速的速度驶离你。通过我们早先的思想实验，我们知道你会说他的时间变慢了，身材缩小了，体重也增大了。但是这一次，我们需要问一个迄今为止我们一直在回避的问题：AI会说什么呢？

如你所知，AI会认为他才是那个静止的人，而且他认为是你在以很高的速度驶离他。这样，由于自然法则对于每个人都是相同的，从他的角度出发，他一定会得出与你从你的角度出发得出的“完全相同的结论”。也就是说，他会说“你”的时间变慢了，身材缩小了，体重也增大了！

如果你和我曾经教过的大多数学生一样，那么你可能无法很好地理解这些。毕竟，它似乎是矛盾的，你们怎么可以都声称彼此的时间变慢了呢？所以像成千上万的太空旅行者一样，你决定彻底证明是AI的时间变慢了，而不是你的时间变慢了。这很容易做到：只需要拿出超级望远镜，观察一下AI的太空飞船里的情况。你会发现他的时间事实上正在缓慢流逝，并且他做的每一件事都以慢动作的方式展现出来[①]。有了这些视觉证据，你向AI发送了一段无线电讯息以宣告你的发现："嘿，AI！我正看着你呢，你的时间肯定比我的时间流逝得慢。"

由于无线电讯息以光的绝对速度传播，所以AI接收你的讯息是没有问题的（尽管讯息的频率会因AI正在驶离你所产生的多普勒效应而降低）。当然，无线电讯息传到他那里需要花费一些时间，而他的答复讯息传到你这里需要花费更多的时间。然后，你听到他用非常慢的声音答复道："Hheeeellllloooo tthhheeerrr..."这进一步证实了是他的时间变慢了。但是，当你最终将AI传输给你的全部讯息录制下来，并用更高的播放速度回放以使它听起来正常时，他的话让你大吃一惊："你说什么？我正在用我的超级望远镜看着你呢，你才是那个做着慢动作的人！"

你们可以来回发射无线电讯息，继续对彼此想知道的所有内容进行争辩，但是你终将一无所获。然后你想出了一个绝妙的主意。你把摄像机连接到望远镜并录制了一段影片，影片显示AI的时钟走得比你的时钟慢。你将你的影片刻录在一张光盘上，装进一艘非常快的火箭中，然后把它朝AI发射了出去。你认定，当AI观看了收到的影片之后，他就会获得眼见为实的证据：你是对的，他自己确实在做着慢动作。不幸的是，就在你即将宣布你辩论胜利时，AI也想出了一个同样绝妙的主意：一艘载有他制作的影片的火箭抵达了你的飞船。播放影片时，你看到的画面似乎清晰地证明了AI是对的——他的影片表明，你正在做着慢动作。

这没什么可说的。自然法则对每个人都是一样的，只要你们两个人都

① 我们再一次回避了这样一个事实：如果考虑到光束旅行时间的差异等因素的影响，你看到的结果与你得出的结论可能会大不相同（请参阅第48页脚注）。在这种情况下，只要AI在驶离你，你看到的结果就会接近你得出的结论，这就是为什么我在思想实验中会这样安排的原因。倘若AI是在驶向你或者经过你，你将会看到截然不同的事情发生。

失重飘浮在各自的飞船里，你们彼此都可以合理地声称自己是处于静止状态的，那么你们就一定会得出结论：同样的事情正发生在对方身上。你得出结论：AI的时间过得很慢；AI也得出结论：你的时间过得很慢。情况就是这样的。

一张通往恒星的船票

“啊哈！”你说道，“这次我知道了！如果AI和我都停下来并待在一起，我们就能够比较两个时钟的快慢了，我们不可能记录的时间都更短。此外，你早先告诉过我，在我前往黑洞的旅行中，我会比地球上的人老得慢。我将是那个比地球上的人都年轻的人。那么，你更愿意让我相信哪个观点呢？是我们两人都说彼此的时钟过得慢，还是说我们中有一个人时间更短？”

如果我对你的心中所想没有猜错的话，你已经发现了相对论中著名的双生子佯谬。在它的标准情形中，你有一个同卵双胞胎，当你以接近光速的速度前往恒星旅行并返回时，她待在地球上的家里。狭义相对论告诉我们，在旅行的往返过程中，你的双胞胎姐妹会得出结论（将光线传播对她们的真实所见的影响考虑在内）：你的飞船上的时间过得慢；而你会得出地球上的时间过得慢的结论。这似乎是不可能的，因为当旅行结束你们两个人团聚时，你们俩不可能都比另一个人年轻。

这确实存在悖论。但是，当你因第一次得知地球是圆的而认为澳大利亚人会“掉下去”时，同样也存在着悖论。换句话说，我们在相对论中遇到的悖论，只局限于那些在我们运用旧常识时看似矛盾的事物；一旦我们建立起一种新常识后，它们看起来就可以接受了。我们会讲到这一点，不过让我们先来解决这个悖论。

什么是相对论

关键是要理解“自然法则”真正指的是什么。如果你在一架飞行平稳的飞机里做实验，你会得到与地面完全相同的实验结果。但是，如果你在飞机起飞或者穿越对流层时开展实验，由于施加在你身上和施加在实验环境中的作用力的影响，你会得到截然不同的结果。在这种情况下，你仍然遵循着相同的自然法则，但是你会受到一些额外的作用力，这些作用力在平稳飞行时是不必考虑的。因此，如果你想将飞机中做的实验与地面上做的实验进行比较，你就必须将这种额外的力考虑在内，或者在能产生相同作用力的飞行模拟器中开展地面实验。这个实验的客观结果表明，尽管自然法则对每个人来说总是相同的，但是只有当两个观察者处于相同的参考系中时，他们才会获得相同的实验结果；在其他情况下，结果将更加复杂。这就是为什么我们一直在讨论自由飘浮的参考系，在这个参考系中，你和AI都失重飘浮在各自的飞船中，因此可以认为你们所处的环境是相同的。

让我们思考一下，它在你前往黑洞的旅行中是如何发挥作用的。我们说过，你在往返黑洞的旅行中始终保持 $0.99c$ 的恒定速度。只要你以这个恒定的速度旅行，你的参考系基本上与地球上的参考系相同（忽略地球相对较弱的引力影响），因此，你确实可以得出地球上的时钟运行缓慢的结论。但是我们忽略了几个关键问题：你的宇宙飞船是如何从地球上的静止状态加速到 $0.99c$ 的速度的？它又是如何实现在黑洞轨道上的减速的？当你返程时，它是如何再次加速的？以及它最终又是如何在地球上停下来的？虽然我们没有特别提及（除了要注意这些加减速产生的作用力会杀死你之外），但是有一点非常清楚：在你骤然加速（或减速）的过程中，你并没有处于与地球相同的参考系中。也就是说，我们目前所讨论的规律还不足以解释当你受到加速导致的作用力时会发生什么。

稍后我们将会讨论广义相对论是如何帮助我们理解双生子佯谬的，但是现在我们可以先通过对时空已有的了解来弄清它的来龙去脉。你将在2040年从地球发射升空，与你抵达黑洞并于2091年返回地球一样，它们都是发生在时空中的事件。所有人都必然认同这些现实事件，唯一的疑问是这些事件之间相隔多长的时间和多远的距离。对于地球上的人来说，时间过去了51年，你往返旅程的距离是50光年。对于你来说，当以0.99c的旅行速度往返于黑洞时，你发现时间只过去了约$7\frac{1}{2}$年，而且你的往返旅程的距离只有约7光年。这无非还是我们已经学过的东西：空间对于不同的观察者是不同的，时间对于不同的观察者是不同的，但是时空对于每个人都是相同的。

现在，让我们从你和AI的思想实验的角度来看一下。也许你和AI可以通过广播或装在火箭上的录像来回争论究竟谁的时间过得慢。但是如果你们聚在一起，比较彼此的时钟，会发生什么呢？答案取决于你们是如何聚在一起的。要比较时钟的快慢，你需要一个起始点和一个终止点。让我们选择你和AI互相经过对方的那一刻作为起始点，因为原则上在那一点你们可以互相传递彼此的时钟。现在，你可能已经看到了问题所在：你们需要在终点时再次聚在一起，但是只要你们仍然处于相同的自由浮动参考系中，你们彼此都将看到对方正以极高的速度向宇宙中飞去，再也不会飞回来。唯一可以让你们再次聚在一起比较时钟的方法是，你们中的某个人发动自己的火箭引擎以使其减速并返回来（从另一个人的角度看）。技术细节有些复杂，但是最终的结果是，发动引擎的那个人将承受与你在黑洞旅行中相似的作用力，并且他的时钟也将呈现出更短的运行时间。

从某种意义上讲，当我们可以真正有能力建造接近光速飞行的宇宙飞船的时候，相对论至少可以为我们提供一张通往恒星的船票。你在前往黑洞的旅行中已经用过这张船票了。如果没有时间膨胀，你将不得不把自己的大部分生命花费在这51年的旅程中，然而正因为时间膨胀，你才能够仅

用 $7\frac{1}{2}$ 年就完成这趟旅程。如果你的旅行速度更快，时间膨胀将使你能够在更短的时间内完成旅程。例如，如果再加一个数字“9”以使你的速度达到 $0.999c$（而不是 $0.99c$），将使你往返黑洞旅行的单程时间减少至1年左右。在这种情况下，你可能在2040年离开地球，然后仅过了两年就又回家了——但是此时仍然是2091年，因为地球上的人们仍然认为，算上你停留在黑洞的时间，你往返黑洞旅行的单程时间为25年多一点。

如果我们有一天技术真的可以让你的速度接近光速，那么你在一生之中几乎可以完成任何旅行。例如，仙女座星系距离我们约250万光年，这意味着从地球上的人的角度来看，去往仙女座星系中任何一颗恒星的往返时间都至少需要500万年。然而，如果你能以仅比光速小1万亿分之50的速度（即 $0.999\,999\,999\,95c$）旅行，从你的角度看，该行程将仅花约50年的时间。你可以在30岁时离开地球，然后在80岁时返回地球——但是届时你回到的将是一个你的朋友、家人以及你所熟悉的一切事物都消失了500万年的地球。

所以既有好消息，也有坏消息。好消息是，相对论为我们提供了通往恒星的船票；坏消息是，就时间而言，它是一张单程票。你可以旅行很长的距离，然后返回到你离开的地方，但是你不能返回到你离开的时间。相对论为那些梦想旅行的人打开了通往宇宙的大门，但是却没有打开回家的门。

相对论的实验证据

如果你仍然认为所有这一切都听起来太不同寻常了，请不必担心——其他人在第一次学习相对论时也和你一样。这需要一些时间来适应，就像你需要花一段时间才能适应“上”和“下”的新概念一样。倘若你已经能够理解这些思想实验的逻辑了，那么在这一点上，你的表现就已经达到我们的预期了。

当然了，在你接受这些逻辑之前，你可能想确保所有这些都要有确凿的证据支持。正如我们前面所讨论过的，世界上所有的逻辑推理都不足以构成科学上的证据；我们还需要实际的观察或实验。我们已经有证据论述了光速的绝对性，但是我们如何检验相对论的其他预测呢？

相对论的相关结果在高速条件下最为明显，所以我们希望利用相对于我们来说接近光速运动的物体来开展相关验证。你可能认为这很困难，因为我们目前还无法用那么快的速度去任何地方。然而，实验物体的尺寸并不需要很大，使亚原子粒子达到这样的速度要相对容易。科学家们用一种叫做“粒子加速器”的机器来实现这一点；如今，欧洲的大型强子对撞机是最著名的加速器，不过数十年来，科学家们仍然一直在制造类似的（功率更小的）机器。

粒子加速器也许是复杂而昂贵的机器，但是它们的基本用途却很简单：科学家们用它们来使亚原子粒子加速到接近光速，然后让这些粒子彼此碰撞，以观察它们的碰撞效应。达到这个简单的目的意味着，加速器可以为相对论的相关验证提供几种直接的方法。

第一，这些机器提供的直接证据证明了任何物体都无法加速到光速。在粒子加速器中，使粒子以99%的光速进行传播是非常容易的。然而，无论再在加速器中施加多少能量，粒子的速度都只不过更接近了光速一点。一些粒子已经被加速到了仅比光速小0.000 01%的速度，但是没有一个粒子能达到光速。

第二，加速器使我们可以检验关于质量增加的预测。如果从发现相对论之前的物理学（Pre-relativity Physics）的角度考虑，任何两个粒子在碰撞时所释放的能量多少都取决于它们的质量和速度。我们知道碰撞粒子在加速器中的速度，因此通过测量碰撞过程所释放的能量，就可以计算出粒子的质量。结果表明，这些粒子确实呈现出比静止时更大的质量，其数值与狭义相对论所预测的相同。

第三，加速器可以直接检验 $E=mc^2$ 。尽管这个方程式因为展现了如何将质量转化为能量（如在原子弹爆炸中）而闻名，但是它还告诉我们，能量也可以转化为质量。这正是粒子加速器所做的工作。碰撞过程释放出高度集中的能量，其中一些能量自发地转变为新的亚原子粒子。事实上，这就是科学家们之所以寻求制造更强大的加速器的主要原因：有了更高的能量，这些加速器就可以制造出更多的新粒子，这些粒子也许可以为我们构建自然大厦提供新的理解和看法。从检验相对论的立场来看，仅由能量产生粒子这一事实就证实了之前预测的质量和能量的等价关系。

第四，可能最引人注目的是，粒子加速器可以直接检验时间膨胀。由碰撞能量而产生的众多粒子的寿命非常短（或者更严格地说，半衰期较短），这意味着它们会迅速衰减（转变）为其他粒子。例如，在静止状态下产生的一种被称为 π^+ （“pi plus”）介子的寿命约为18纳秒（十亿分之一秒）。但是粒子加速器中以接近光速产生的 π^+ 介子的寿命要比18纳秒更长，寿命延长的时间与时间膨胀的预测结果相同。当这些粒子相对于我们高速运动时，它们的时间的确变慢了。

其他类型的实验也证实了低速条件下相对论效应。尽管诸如时间膨胀之类的相对论效应只有在非常高的速度条件下才容易观察到，但是原则上，它们至少在一定程度上是始终存在的，因此可以用足够精确的时钟进行测量。在过去的半个世纪中，科学家们一直在使用能找到的最精确的时钟以越来越低的速度来检验相对论。通过将宇宙飞船或飞机上的时钟与地面上的时钟进行比较，可以检测到时间膨胀。2010年，位于我家乡科罗拉多州博尔德市的国家标准技术研究院进行了相关测试，验证了在低于10米/秒

（36千米/时）的速度下所预测的时间膨胀量。这一速度比大多数人环城骑行的速度还要慢。

最重要的是，狭义相对论是所有科学中最经得起考验的理论之一，它以出色的表现通过了每一次考验。在科学中，我们永远不可能真正证明一个理论是绝对正确而毫无疑问的，因为这个理论在将来的实验中总会存在失败的可能性。尽管如此，支持狭义相对论的大量证据不可能消失，如果有其他理论将要取代狭义相对论的话，它仍然不得不面对这些支持现有理论的证据。

阳光和无线电

支持狭义相对论直接的实验证据令人印象深刻，但在我看来，它还不是最重要的部分。具体而言，还有两种相对间接的相对论检验方法在我们生活中扮演了重要角色。

第一种检验的方法是指质量转化为能量的方程式 $E=mc^2$ 。这个方程除了解释了原子弹如何释放出如此巨大的能量之外，还解释了核电厂产生的能量——核电厂的发电量占世界电力供应的很大一部分（约10%到15%）。此外，质量向能量的转化还解释了太阳和恒星是如何能够在数百万到数十亿年间持续地发光的。例如，太阳中发生的核聚变，可以每秒将约6亿吨氢转化为5.96亿吨氦，“消失”的400万吨质量被转变成了能量使太阳发光。从某种意义上说，照耀着我们的阳光证明了爱因斯坦的著名方程式，并且由于该方程式直接来源于狭义相对论，所以阳光也成为了证明相对论正确的证据。

第二种间接检验方法需要更多的背景知识。尽管我们尚未讨论过，但爱因斯坦构建狭义相对论的主要动机，是为了解决几十年前发现的电磁方程所存在的一个问题。在这些方程中，光速被看作是一个常数，但是它们却并未对测量光速的参考系给出任何说明。在相对论提出之前，这似乎是一个需要解决的问题①。有了相对论，它就不再是问题了，因为相对论告诉我们，光速的测量不需要某个特定的参考系，相反，光速对每个人来说都是相同的。对于我们而言，更重要的是，事实证明整个狭义相对论都可以从电磁方程中推导得出，尽管一些物理学家已经认识到了这个数学构想，其中，最著名的物理学家是亨德里克·洛伦兹（Hendrik Lorentz），现在狭义相对论的关键方程式被命名为“洛伦兹变换”，但是在爱因斯坦之前还没有人能够真正理解这个构想的内涵。为什么它这么重要呢？因为这些方程式正是我们用来使无线电以及现代世界中我们所使用的几乎所有其他电子设备得以工作的基本原理。每当你打开电视、拿起手机或者使用计算机时，你都在证明电磁方程。由于这些方程中隐含着狭义相对论，因此你也在证明爱因斯坦的理论。

一个巨大的阴谋

我相信我已经为狭义相对论做了令人信服的论证。我已经从两个绝对性的角度解释了它的出发点，还带领你通过一系列思想实验来看这些出发点的结果，并已描述了支撑整个理论的广泛的证据。但是你怎么知道我不是在编故事呢？我可以引导你去阅读有关相对论的许多其他书籍，或者我也可以让你去与研究相对论的其他物理学家交流，但是你可以想象我们都是某个巨大阴谋的一部分，这个阴谋旨在使所有其他人感到困惑，以便物

① 最常见的解决方案是，想象在空间中充满了一种被称为“以太”的物质，该物质会随着电磁波的通过而发生振动。1887年的迈克尔逊-莫雷实验旨在检测这种以太的存在，当实验结果并未如人们所预期，而且相反却发现光速总是相同时，大多数科学家都大吃一惊。

理学家们可以掌控世界。

因而，在你成为阴谋论者之前，至少要调查这个阴谋论的含义。那么，我们先假设“相对论”是不正确的，这个世界是按照你的旧常识所期望的方式运行。做到这一点其实很容易。因为所有的狭义相对论是根据两个完全绝对的观念所形成的，也因为其中一个绝对是关于自然界的法则对每个人都是一样的，这一点符合我们的旧常识——我们只需要摆脱第二个基本原理。换句话说，让我们假设光速不是绝对的，而是增加了其他的速度，就像我们对皮球、汽车和飞机的速度预期一样。

假如有两辆车，每辆汽车的行驶速度约为每小时100千米，在
相撞。如图4.2所示，你在远处的一条街道见证了两辆汽车的相
的速度不是绝对的，你看到的每辆车发出来的光的速度是正常的光速加
车驶向你的速度。对于直冲你而来的汽车，它的光会以（c+100）千米/时的速度向你而来。在你视线中行驶的汽车，但是并不是朝你驶来，因而你看到它反射的光速正好是正常的光速c。按照这样的逻辑，你会看到直冲你驶来的汽车要稍微先于另一辆车抵达交叉路口。

到目前为止，所讨论的并不是非常重要的，毕竟如果汽车以每小时100千米的速度前进，仅仅是光速的一百万分之一。因此，如果你在街上观察，你将会很难测量出光抵达你眼里的时间差异，而碰撞仍然会像你想的那样发生。但是，如果你从远处观察两辆车的相撞，会发生什么呢？例如，如果你使用一架超级望远镜从另一颗距离地球100万光年的行星来观察这次相撞呢？因为第一辆车（朝你驶来的那一辆车）反射的光的速度要比第二辆车快一百万分之一的光速，在历经一百万光年的距离传播后，这辆车的光要比另一辆提前一年抵达你这里。

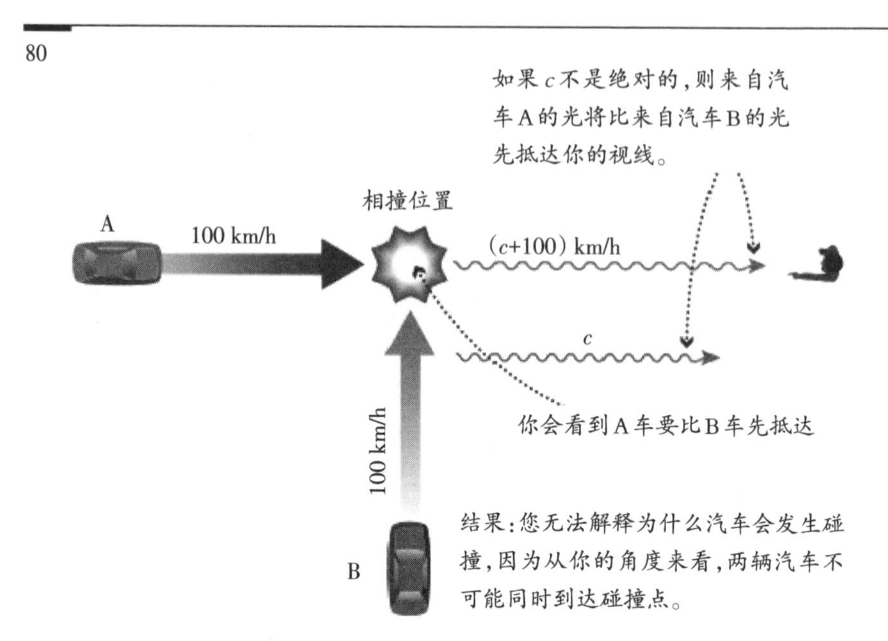

图4.2　表示两辆车在交通路口相撞，如果光速是绝对的，则相撞会明确发生;但是如果光速不是绝对的，不同的观察者看到的相撞情形则不同。

想象一下，从你的角度来看，你会看到第一辆车比第二辆车提前一整年到达交叉路口。这就产生了一个悖论：从汽车里的乘客的角度来看，他们已经相撞了，但是你却看到一辆车在另一辆车开始它的旅程前就已经到达了碰撞点！如果我们所生活的世界是可以通过人类的视觉系统真实反映的话，那么唯一一个可以避免这个悖论的方法就是假设我们不应该把车速加到光速上[①]。

你可以随心所欲地使用这个逻辑，但是底线是非常清晰的：在我们日

①我要指出的是，如果我们观察的不是光，而是碰巧由相撞的汽车发射出的某种类型的粒子(比如中微子)，那么我们就不会被同样的悖论所困扰了。在这种情况下，当我们从不同的角度看到事件的发展似乎会有不同时，我们不会感到惊讶，因为我们需要考虑粒子速度的增加方式。而光的悖论之所以让人如此困扰，是因为我们也期望光向我们展示现实情况。从本质上说，这个悖论表明我们不能两者兼得，就是说在光有附加速度的情况下，还能继续展示现实是不可能的。

常生活中，我们假设光承载着现实的图像。比如当两辆车相撞时，我们希望所有的观察者都能以相同的方式看到这场相撞，无论观察者从哪个方向，或者距离肇事点有多远。正如我们通过思想实验所得出的结论，我们所看到的东西的一致性取决于光速的绝对性。

假设你是一个阴谋主义者，可以拥有自己的观点。你可以选择拒绝相信狭义相对论，但是这样的话，你就必须拒绝自己的常识告知你的其他东西，那就是光向我们展示了事件是如何展开的。或者，你可以接受狭义相对论，以及它所有令人费解的结果，但你仍然可以放心地知悉，这并不与你在低速情况下的常识所告诉你的任何东西相矛盾。在我们提供了如此多的证据以证明狭义相对论的情况下，是否选择相信狭义相对论似乎并不难。

搞清楚什么是相对论

假设你认为相对论是正确的，那么我们该回到这个问题的本质，即搞清楚相对论是什么。事实上，没什么可做的。就如我们之前讨论的那样，相对论不会显著影响我们在日常生活中的体验，就像“上”和“下”的真正意义不会影响孩子在蹦床上弹跳的体验一样。因此，用来理解相对论的方法（如果有的话）一定和你在知道了地球是圆的之后用来改变你关于“上”和“下”的旧有常识的方法是一样的。并且我认为，这只是一个决定什么才是真正困扰着你的问题。

对于大多数人来说，相对论的基础知识其实并没有那么费解。毕竟，你不会为时间的膨胀和质量的增加而困扰，只有当你处于不同寻常的高速运动的情况下时，时间膨胀和质量增加的这种现象才变得明显，因而引起你的关注。真正令人感到费解的是相对论所衍生出来的悖论。尤其是我们

什么是相对论

在第1章里遇到的情形，你和AI都认为对方的时间比自己慢。尽管我们讨论了悖论的解决方案，但你依然觉得很难理解。

为了消除这个悖论所带来的困惑，你可以走到外面去，回答一个简单的问题。现在太阳出来了吗？如果你看到太阳出来了，那么你的答案是“是的”。接下来，我说太阳没有出来。刚开始，你可能会认为我是个疯子，于是你拿起了电话，给我打过来。我用非常理智的声音告诉你，太阳没有出来。这时，你想到了一个聪明的想法，你照了一张照片，然后发给了我，向我展示太阳的确出来了。就在你将要宣布胜利的时候，我也给你发了一张照片，清楚地显示此时是黑夜，太阳并没有出来。

当你还是个孩子的时候，你一定会因我的说法与你的矛盾而产生的悖论感到疑惑。然而，我们知道如何让你理解这个悖论的合理性，如果我们看到太阳同时出来，那么你和我恰好在地球的同一端。因而，如果你和我发现太阳不是同时出来的话，你和我都分别处于地球的两端。因此，你那边是白天，我这边是黑夜。换句话说，我们讨论的都是同一个物理真实—— 太阳在太空中的正确的位置——对太阳的观察之所以得出了两个不同的结论是因为我们是从地球表面的不同位置来观察太阳的。

同样的道理，引起你和AI争论的关键是因为你们拥有的旧常识，你们认为时空是绝对的，光速是相对的，这意味着我们期望它能增加其他速度，就像球和汽车的速度一样。相对论告诉我们，我们应该颠覆自己的旧有常识，还要接受新的常识：光速是恒定的，时间和空间才是相对的。一旦你接受了这个简单的想法—— 这成为了我们的新常识，那么你和AI争论谁的时间更加缓慢，就和住在地球两端的两个小孩争论到底是白天还是黑夜一样。

就像一个小孩刚开始面对一个新的概念时，会产生怀疑的态度，而我们需要一定的时间才可以接受它。现在当你重新认识时间和空间的时候，你依然需要一点时间来理解这个新的理论。现在你要做的一件事是，要把光速的绝对性看作是一种新的常识，就如同你把“地球是圆的”看作常识一样。与此同时，在你开始接受新的常识之前，请记住，结果才是最重要的，你做的每一个试验都会和AI做的试验一致。你们都生活在相同的时空现实中，你们都认为你们所目睹的任何事件都是明确的事实。比起我们在检验非绝对光速的结果时遇到的悖论，这是一个明显的改进。狭义相对论也许仍然令人惊讶，却让宇宙变得比以前更容易让人理解。

第三部分
爱因斯坦的广义相对论

第5章　牛顿的荒谬

狭义相对论除了使宇宙和之前相比更容易让人理解之外，还解决了几个重要且经典的物理学问题，包括我们之前讨论过的电磁方程的典型问题。当时，许多物理学家都曾致力于研究这些问题，除了爱因斯坦之外，一些物理学家甚至一度接近了问题的答案。

广义相对论则是另一个故事。正如很多科学历史学家所认为的那样，如果没有爱因斯坦，广义相对论的相关论点的提出要延后很多年。爱因斯坦的成功一部分源于他解决问题的方法。除了寻找可行的解决方案，他还在寻找能够揭示宇宙潜在的简单性的解决方案。换句话说，爱因斯坦认为宇宙本质上是简单的。值得一提的是，尽管许多科学家都相信自然界具有潜在的简单性，但目前还没有已知的科学可以解释为什么它一定如此。从这个意义上来讲，这种信念更像是我们通常认为的那种信念，而不能成为科学。然而，在一个关键的方面，它仍然是完全科学的：如果有证据表明自然界不是简单性的，那么科学家将修正信念以适应新的证据。

无论如何，在大多数的科学家对狭义相对论感到满足时，因为它解决了众所周知的问题，而爱因斯坦认为狭义相对论还并不完善。他继续进行他的思想实验和计算来寻找突破，寻找一种方法来堵塞那些他仍然需要解决的漏洞，寻找他所思考的问题的答案。他花了整整十年的时间来研究所有的细节，最终于1915年发表了《广义相对论》。

事实证明，广义相对论不仅弥补了狭义相对论的不足，而且广义相对论重新对引力进行了诠释，这被认为是爱因斯坦的最伟大的成就，并最终让他成为家喻户晓的人物。有趣的是，尽管广义相对论的许多预测完全出乎科学家们的想象（甚至是爱因斯坦本人），但它也解决了一些牛顿引力理论所遇到的问题。的确，它解决了一个困扰过艾萨克·牛顿爵士的问题。

幽灵般的超距作用

我们对物体的下落和引力的其他效应是如此熟悉，以至于很容易把引力看作是一个简单的概念。但是事实并非如此，你可以从科学家们面对孩子们询问“引力是什么”的尴尬回答中看出这一点。在人类历史的大部分时间里，引力被认为只是在地球上能够起作用，而天上被认为是一个独立且不可知的领域。直到1666年，一颗苹果从树上掉下来带给了牛顿灵感。他突然意识到使月球绕着地球运转的力和让苹果落地的力是同一种力。不久之后，他运用微积分的原理——这是他为此而发明的计算方法——来证明引力可以解释所有已知的围绕太阳的行星运动。

根据牛顿的万有引力定律，我们通过一个简单的公式就可以计算出两个物体之间的引力。引力大小与两个物体的质量乘积成正比，与两个物体之间距离的平方成反比。也就是说，如果你将两个物体之间的距离增大三倍，它们之间的引力大小将减小至原来的九分之一。

通过将引力定律和其他理论相结合，比如他的运动定律，牛顿创立了引力理论，成功地解释了一系列广泛而多样的现象，比如为什么我们有重力？岩石为什么会坠落？或者行星绕轨道运行的原因等。这个理论非常有效，至少在大多数情况下，其有效性我们毋庸置疑。在牛顿的引力理论最引人注目的成就中，在海王星被望远镜发现之前，该理论被用来预测它的存在和位置，该理论还被用来绘制宇宙飞船到遥远世界上的精确着陆点的轨迹。

什么是相对论

尽管如此，如果你仔细想一想的话，还是会发现牛顿的引力理论中存在着一些令人困惑的地方。比如我们通过观察地球绕着太阳运行的轨道，可以轻松地计算出地球在轨道上保持运行所受到的引力，但是地球如何确切地知道太阳的存在呢？而且它怎么会绕着太阳旋转的呢？毕竟，地球没有听觉和视觉，在地球和太阳之间也没有物理连接。正如牛顿引力理论所表示的那样，引力似乎在发挥科学家们称之为的“超距作用”，好像看不见的幽灵一样，莫名其妙地把力扩散到空间中。牛顿自己写道：

> 一个物体可以超越距离通过真空对另一个物体作用……作用力可从一个物体传递到另一个物体，在我看来，这种思想荒唐至极，我相信从来没有一个在哲学问题上具有思考能力的人会沉迷其中。①

现在明白为什么这一章的题目叫“牛顿的荒谬”了，它是指牛顿发现自己提出的引力理论存在瑕疵。根据现有的研究和证据，这个理论并不能完全使人信服。奇怪的是，即使这也困扰着其他人，但在接下来的两个世纪里，科学家们并没有把它当成一个值得严肃对待的问题。不过，这个问题一定困扰着爱因斯坦。的确，当后来面对量子力学中的一种奇特现象时，即在某些情况下，一个地方的粒子可以瞬间影响到另一个地方的粒子（就是第2章提到的“量子纠缠”），爱因斯坦嘲笑般地把这种说法称为“幽灵般的超距作用”。考虑到这一点，即当爱因斯坦在广义相对论中提出的新的引力概念时，牛顿关于“超距作用”的荒谬理论已经不复存在了，我相信你不会感到惊讶。

---

①来自牛顿的信，写于1692—1693年，引用自J. A. 惠勒（J. A. Wheeler）的《进入引力和时空的旅程》（*Journey into Gravity and Spacetime*）（美国科学图书馆，1990）。

太空探险者

在这一章和下一章中，我的主要目标是帮助你理解广义相对论中提出的关于引力的新观点。和理解狭义相对论一样，我们必须一步步构建我们的思维。首先，我们开始一个有关太空探险者的思想实验。

想象一下，你和周围的所有人都相信地球是平坦的，作为富有的科学赞助人，你决定赞助一次远征世界的探险。于是你选择了两个无所畏惧的探险者，并给他们下达了详细的指示：两个探险者必须沿着同一条直线，向相反的方向行进。你为每个人提供了陆地上使用的大篷车和水路上使用的船只。你告诉他们，当遇到某种不同寻常的事情的时候，就可以返程了。

一段时间之后，两个探险者返程了。你问道："你们遇到什么不同寻常的事情了吗？"令人惊讶的是，他们的回答都相同："是的，我们都发现了同一件不同寻常的事情。尽管我们沿着同一直线相背而行，最终我们还是相遇了。"

这个发现是令人惊讶的，但是如果你知道地球是圆的话，就不会对这件事情感到任何意外。如图5.1所示，探险者以为的"直线"旅行实际上是绕着地球的曲线行走，最终导致他们的相遇。从某种意义上来说，探险者沿着可能的最直路径前进，但是地球表面的曲率意味着这些路径是弯曲的。

现在，让我们考虑一个更现代化的方案。你正在太空某处的宇宙飞船中自由地飘浮，你希望了解宇宙飞船附近的更多信息。于是你让两名探险家进入太空，分别向相反的方向探索。两名探险家的航天器分别发动引擎将他们加速至旅行速度，然后关闭引擎以恒定的速度向相反的方向飞行。

想象一下，两个探险家会给你传送回什么讯息？他们在太空中相遇了！当他们离开你，以相反的方向沿直线前进时，怎么可能相遇呢？

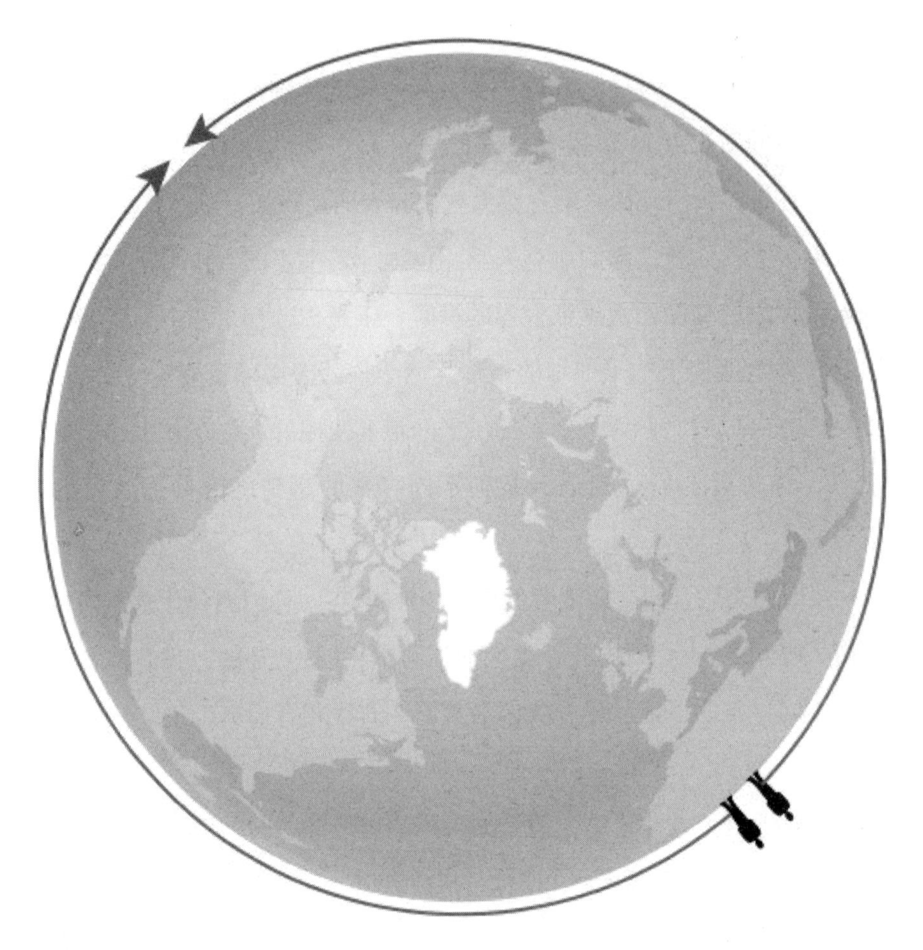

图5.1 在地球上，两个探险家“沿着直线”以相反的方向前进，他们在地球的另一侧相遇。我们并不感到惊讶，因为我们认识到这是地球表面的弯曲所导致的。

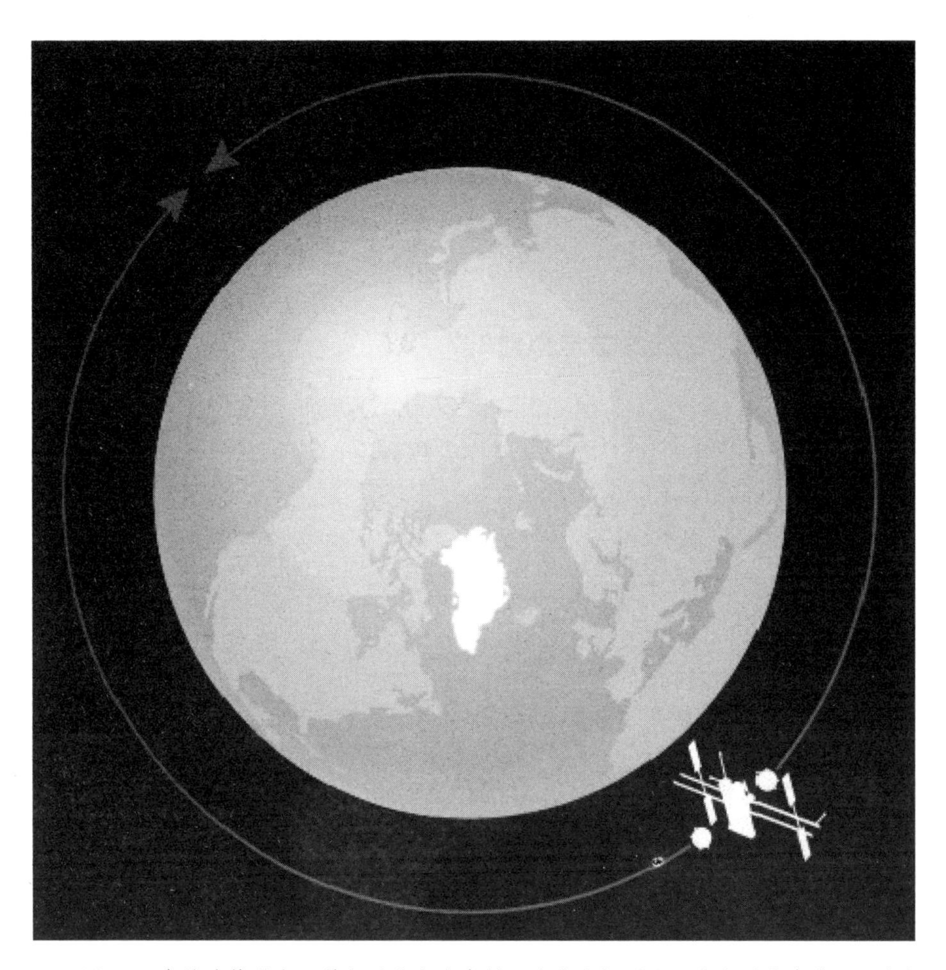

图5.2　在地球轨道上沿着相反的方向发射两个太空探测器，它们最终在某一天会相遇，就和图5.1中探险家们相遇的道理相同；然而，探测器相遇与地球上的探险家们的相遇不同，太空中探测器相遇的原因在于地球引力产生的“超距作用”。但是真正的原因会不会是太空以某种方式弯曲，就和地球表面是弯曲的一样?

事实上，当你的宇宙飞船绕地球在轨飞行时，你会因失重而自由飘浮在飞船中。如图5.2所示，从太空站向相反方向出发的两个探测器会在地球的另一侧相遇。自牛顿时代以来，我们常常把太空探测器在自由飞行过程中的弯曲路径归因于地球引力的“超距作用”所产生的效应。值得注意的是，考虑到图5.1和图5.2中旅行路径的相似性，再类比地球上探险家向相反方向旅行时的弯曲路径，我们是否可以得出一种猜想：探测器的相遇是否是因为太空是弯曲的？事实上，这个猜想就是爱因斯坦相对论的核心。不过在此之前，我们还需要探讨一下运动的相对性。

相对论中的相对性是否总是相对的?

回想一下，“相对论”之所以被称为相对论，是因为所有的运动都是相对的。正如我们在从内罗毕到基多的航班的思想实验中（图2.1）所展示的那样，对于“谁在真正地运动”并没有一个完全的答案。我们所能表达的只是飞机是相对于地球运动的。但是观察者从不同的参考系中观察到的物体运动状态是不同的。

运动是相对的这个观点非常简单，我们已经看到了它是如何在自由浮动参考系中发挥作用的。当你和AI都在飞船里自由浮动的时候，你们都可以声称自己是静止的，而对方在运动。但如果你们中的某一个人不是自由飘浮状态，你们还能继续声称自己处于静止状态吗？让我们一起来研究一下。

运动是相对的，想象一下，你和AI都在太空里自由飘浮着，这个时候，你突然决定启动火箭发动机，给火箭足够的推力使其持续保持“1g”的加速度。也就是说你获得了与地球上的物体自然坠落时相同的加速度（通常1g的加速度是9.8m/s^2）。只要你持续发动引擎，AI看到你在加速前进，而且你的速度会越来越快。从AI的角度来看，他还在他的飞船上静止地飘浮着。于是，他给你发送了一条无线电消息：“再见，祝你旅途愉快!”

由于所有的运动都是相对的，你认为自己才是那个静止的人，AI正在以越来越快的速度远离你。你也许会这样和AI说，“谢谢，但我哪也不去，是你在加速远离我。”

当你加大引擎时，就引入了一个在我们之前的实验中并未涉及的新的因素。正如图5.3所示，引擎所产生的推力，使你抵住来自地板方向的反作用力，这就意味着你不再失重。实际上，由于引擎给你提供了“1g”的加速度，产生这个加速度的力使你能够和在地面行走一样正常地在地板上行走。因而，如果AI通过望远镜观察你的飞船内部的时候，他可能会回答：“哦，是吗？如果你哪也不去，那么为什么你会被困在宇宙飞船的地板上，为什么你的引擎还在开着？如果我像你说的那样加速，那么为什么我处于失重状态呢？”

你必须承认AI问了一个很好的问题，当然看起来，你确实是那个在加速的人。在这种情况下，你说你自己是静止的是不正确的。事实上，AI依然在飘浮着，与你声称他在加速远离的说法不一致，因为加速度应该伴随着力的作用。乍一看，当我们引入加速度时，运动似乎不再是相对的。

但爱因斯坦并不这么认为。对于他来说，一切运动必须都是相对的，无论这个物体是否有加速度。如果我们把这个概念运用到前面的思想实验当中，则意味着你需要某种方法来解释为什么你可以感受到使飞船加速的引擎推力，却意识不到自己正在加速穿越太空？以及为什么AI明明处于失重状态，而你却发现它在加速远离你？

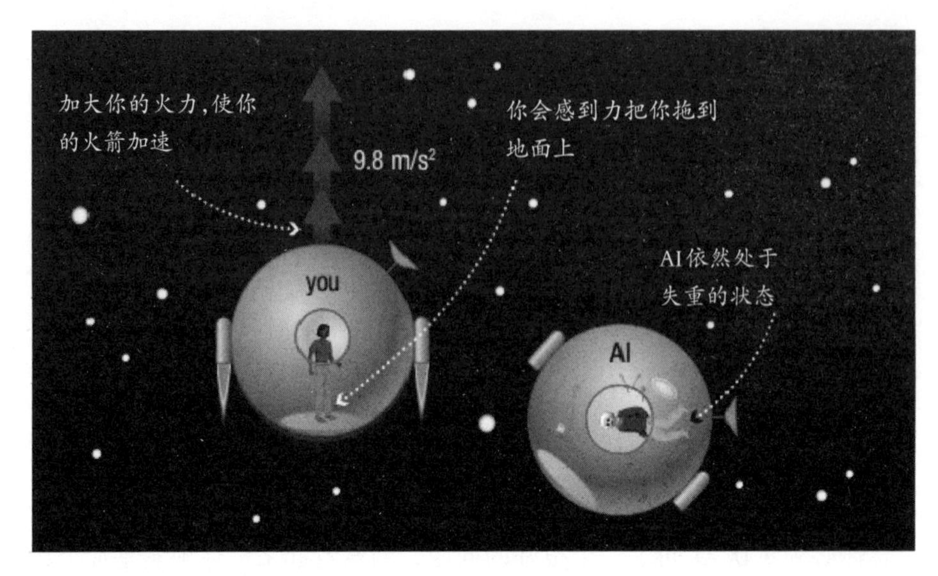

图5.3　当你和AI都因处于失重状态而飘浮时，很明显你们每个人都可以声称自己是静止的，而对方是运动的。但是当你发动引擎的时候，飞船加速产生的推力使你可以站立在飞船地板上。所以你怎么还能声称自己处于静止状态呢？

爱因斯坦最幸福的想法

在爱因斯坦完成狭义相对论两年之后，1907年爱因斯坦迸发出了灵感的火花，后来他称其为“我一生中最幸福的想法”。为了体会他的幸福感，我们再回到自己加速飞行的太空飞船当中。当飞船以1g的加速度在太空加速飞行时，你可以坐下，或者站起来，或者在地板上走动，和在地球上没有两样。如果你把球抛向空中，从你的角度来看，它运动的轨迹就和在地球上的运动轨迹一样。事实上，如果你关闭飞船上所有的窗帘，飞船里的所有物品的状态就和你在地球上看到的状态一样（图5.4）。

如果你是生活在爱因斯坦那个年代的物理学家，你对爱因斯坦“最幸福的想法”的第一反应可能只有认同。众所周知，牛顿第二定律表明重力和重力加速度1g是等效的，之后又有很多科学家对此进行了更深入的研究和思考，甚至一度认为这个结论似乎只是一个惊人的巧合。我们可以回想一下伽利略的著名的发现：所有的自由坠落的物体都以相同的加速度落在地球上（不考虑空气的阻力）。如果你用相同大小的力，施加在不同质量的物体上，比如你以相同的力扔两个物体时，相比于质量较大的物体，我们更容易对质量小的物体产生一个较大的加速度——这就是为什么比起扔棒球来，抛掷铅球用的力更大。尽管如此，无论受力物体的质量大小如何，它们产生的加速度完全相同①。

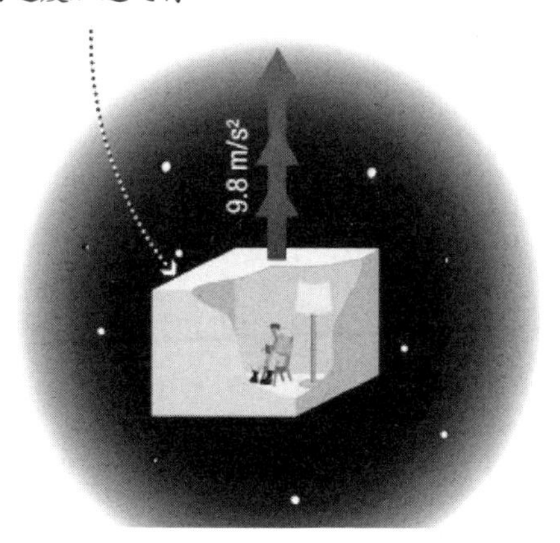

图5.4 1g加速度的影响和重力的影响相同

从相对论之前的观点来看，就好像 大自然给我们展示了两个箱子，一

①从数学上讲，当我们使用牛顿第二定律，力=质量×加速度时，这种巧合就出现了，所产生的力大多数不取决于物体的质量。比如电磁力取决于电荷，而电荷与质量无关。我们使用牛顿的第二定律，计算质量产生的力时，物体的质量出现在等式两边，因而，彼此互相抵消。物体的加速度不取决于物体的质量。因而，巧合的是，被称为引力的质量（在牛顿的第二定律的方程式的左边），与物体的“惯性质量”相同（在牛顿第二定律的等式的右侧），在爱因斯坦之前，人们不知道为什么重力的引力质量和惯性质量具有相同值。

个标有“引力效应”，另一个标记为“加速度效应”。科学家们摇晃这两个箱子，对其进行称重，来回掂量着箱子，却没有发现这两个箱子的不同之处。于是他们得出了结论：“这是多么奇怪的巧合呀！这两个箱子从外面看是一样的，尽管里面装的是不同的东西。”而实质上，如果爱因斯坦看着这两个箱子，会说这根本不是一个巧合。相反，爱因斯坦认为，这两个箱子之所以在外表上看起来是一样的，是因为它们里面装的东西是一样的。

这个与众不同的想法被称为等效原理。更确切地说，它的意思是，引力的作用和加速度的作用完全等效[①]。根据这个原理，所有物体运动的相对性重新被证明是正确的。我们继续回到Al看着你发动引擎加速离开的问题。

Al的第一个问题是当飞船里的你不再因失重而自由飘浮时，而是感受到一股力给了你在飞船地板上的重量时，为什么你说自己是静止的？根据等效原理，可以说是因为引力使你感受到了重量。也就是说，你可以说你周围的空间充满了一个指向飞船地板的引力场。

Al另外的问题是如果你处于静止不动，那么为什么你发动了飞船引擎？为什么在你看来Al正以1g的加速度远离你，而他自己却感受不到任何力的作用？现在这两个问题都很容易解答了。Al失重是因为他在引力场中处于自由落体状态，而任何人处于自由落体状态都是失重的。[②]你的引擎正在启动，是为了防止你以同样的方式自由下落。

①从技术上讲，这种等效只在较小的区域里有效。在更大的区域内，大质量物体（如行星）的引力会以不同方式变化，而加速度不会引起这些变化。例如，这种变化解释了为什么引力会产生潮汐力，而在加速的飞船中却不会发生。

②如果你想知道为什么自由落体意味着失重，想象一下你站在高平台的秤上，只要平台保持完好，你的脚就会对秤施加推力，秤上会显示出你的正常体重。但是如果平台坏了，使你和体重秤向下做自由落体运动，你的脚将不再给秤施加推力，这意味着体重秤的读数为零——也就是说，你处于失重状态了。

总而言之，等效原理允许你这样认为，这种情况类似于你在悬崖边上非常悬地停下来了，而AI从悬崖边上掉了下去（图5.5）。也就是说，你可以说“对不起，AI，但我还是觉得你说得不对。我通过启动引擎，阻止了我的飞船的坠落，而且我因为引力感受到了重量。你失重是因为你处于自由落体中。我希望你不要碰到引力场底部的任何东西而受伤”。

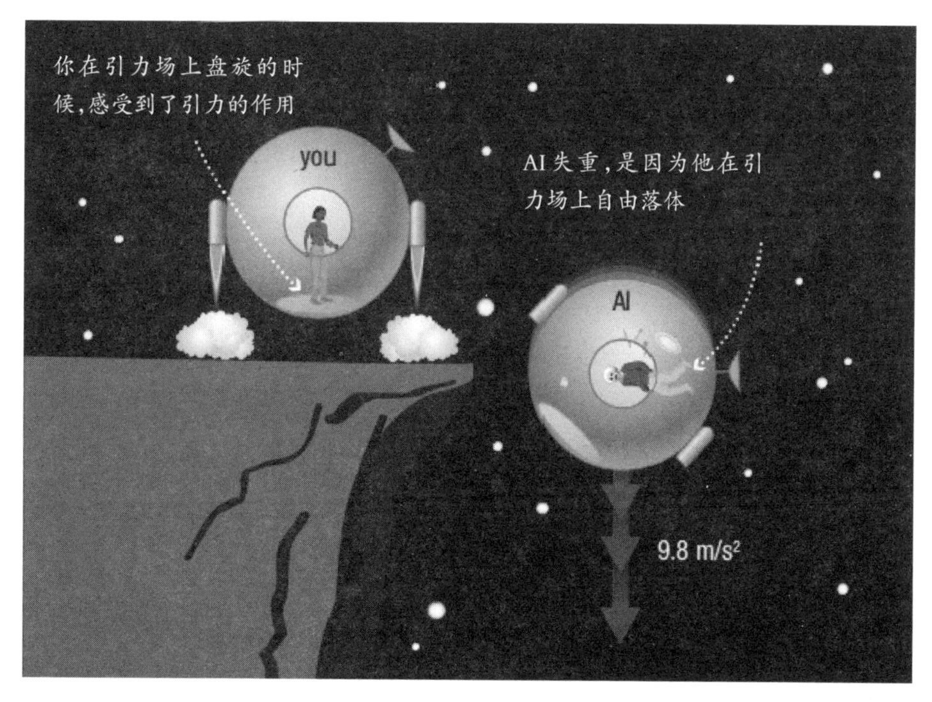

图5.5　想象一下，你发动引擎使飞船悬停在悬崖上，而AI以自由落体的方式下落。由于引力作用，你将保持静止并感受到了重力作用，而AI向下加速行驶是处于失重状态。根据等效原理，即使周围没有行星或者悬崖，你也可以认为这是其中一种情况。

当然，看图5.5时，你似乎又想到了一个问题：悬崖在哪里？或者是那个可以让你感受到引力的星球在哪里？大多数情况下，我们很容易说引力和加速度是等效的。当然，它们是不一样的。毕竟，似乎很难将一个站在地球表面的人与一个在太空中以越来越快的速度飞驰的人相混淆。

引力和加速度之间的这种差异把我们带到了爱因斯坦最幸福的想法的核心中。我们之前讨论了爱因斯坦说引力的影响和加速度的作用效果不就是一样的吗？每个人都知道这一点。不过，爱因斯坦认为，之所以它们看起来不同，是因为我们没有看到完整的画面。我们错过了这幅画面的哪一部分？这个部分就是时空的第四维度。

提醒一下大家，不同的观察者可以观察到不同的时间和空间，但是时空对于每个观察者来说都是一样的。同样的道理，不同的观察者可以对引力和加速度有着不同的看法，但在时空中，我们发现它们看起来是一样的。

时空等效

现在我们马上要了解相对论的关键了，也就是理解在四维时空中，引力和加速度为什么看起来是等效的。为了证明这一点，我们需要观察时空中物体所运行的不同的路径。让我们从一个简单的例子来谈。

如图 5.6 所示，你开着车从家到工作地点沿着一条笔直的路行驶。早晨 8 点，离开家，先加速到每小时60千米，然后一直保持着这个速度，直到你遇到了红灯，然后刹车，停了下来。当交通灯变绿了的时候，你又加速到每小时60 千米的速度，然后你一直保持着这个速度，直到抵达工作地点，停了下来，此时，你抵达工作地点的时间是8：10。

你的旅行在时空中看起来是怎么样的呢？如果我们可以看到时空中的四个维度，就可以看到你的车在10分钟的旅程之内的三个空间维度上的轨迹。我们不能马上想象到第四个维度，但这种情况下，我们会遇到特殊的情况： 因为你是沿直线行驶的，你的旅程轨迹必然处于一维空间中。如图

5.6所示，你可以把你在四维时空中的旅程绘制成一个一维的图形，用水平轴来表示空间、垂直轴表示时间，这种图形称之为时空图，物体经过时空图的路径叫做世界线。

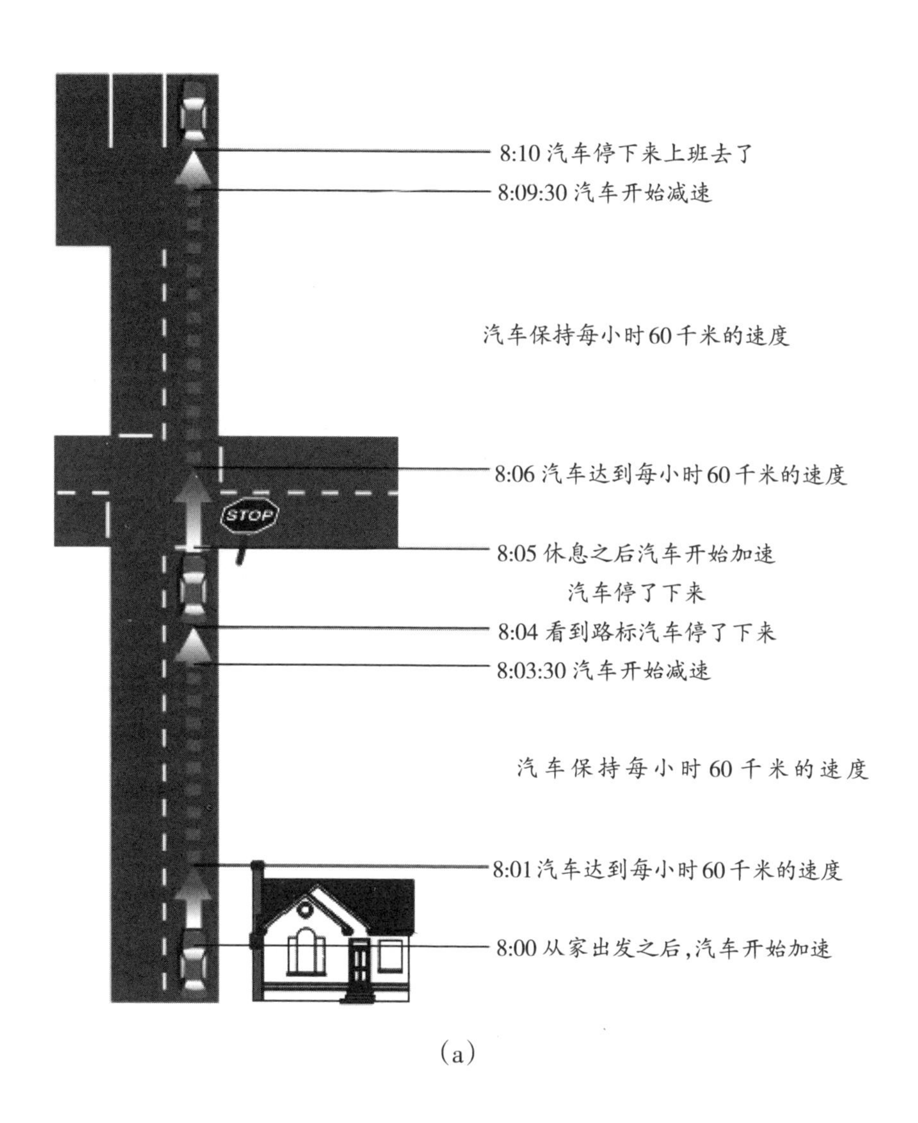

(a)

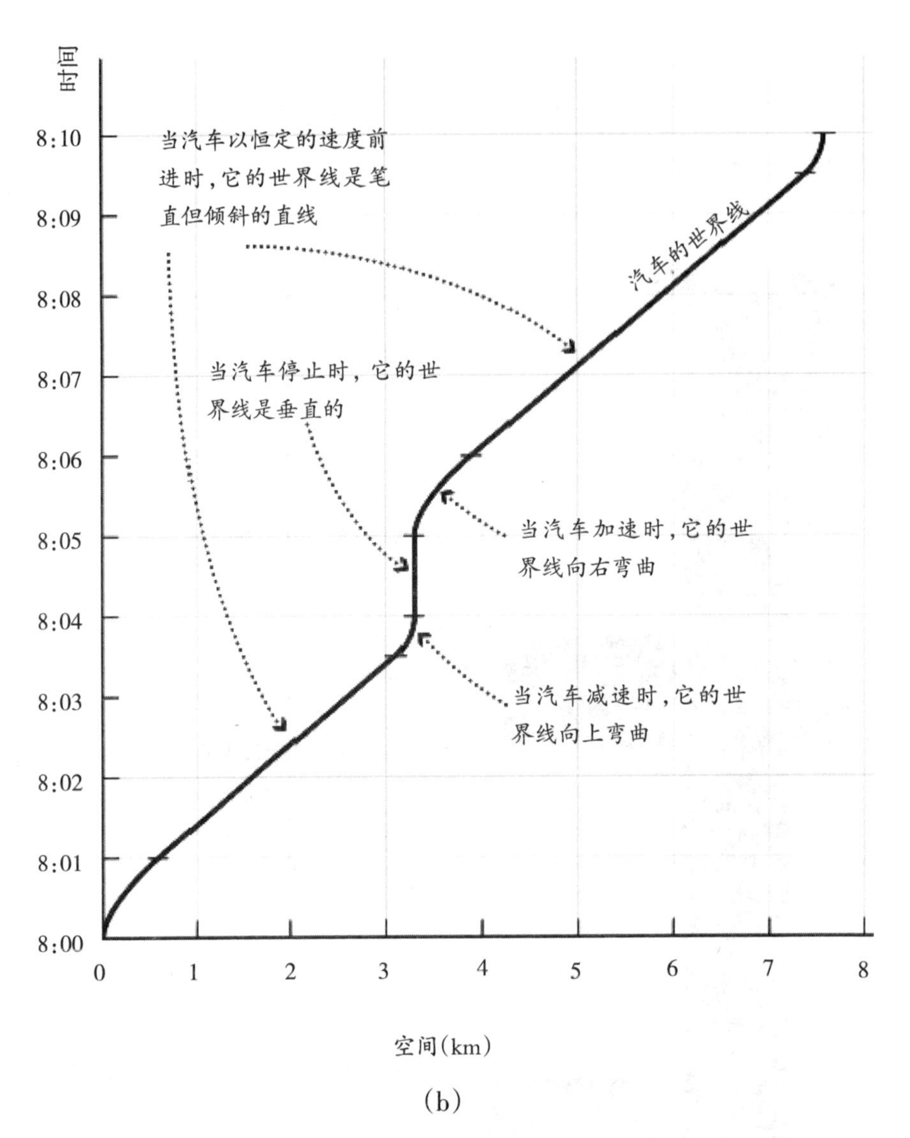

(b)

图5.6　图（a）显示了开车从家到工作地点沿直线行驶的行程，标示了汽车运动变化时的所有位置和时间。图（b）同样的行程表示在时空图上，横轴代表空间，纵轴代表时间。

我们为你的时空旅行绘制的时空图揭示了世界线的三个关键的特征：

（1）当物体相对于你处于静止状态时，它的世界线是垂直的。这就意味着在空间中它不会移动，这样它的世界线的轨迹随着时间的流逝而上升。（2）当物体相对于你以恒定的速度移动时，它的世界线是倾斜的直线，因为它单位时间内移动的距离是相同的。（3）当物体加速或者减速的时候，它的世界线是弯曲的，因为它移动的距离每一秒都在变化。

我们可以用思想实验来探索物体运动的相对性，先从狭义相对论的思想实验来开始。你和AI都自由飘浮在各自的飞船中，同时看到彼此都在相对于对方运动。图5.7中左图显示了以你为参考系时，根据你和AI运动状态绘制的时空图，你认为自己处于静止状态，因而你的世界线是垂直的，而AI的世界线是倾斜的直线，因为他正以相对于你恒定的速度移动。该图右边展示了以AI为参考系的时空图，他的世界线是垂直的，而你的世界线倾斜了。这两幅图的空间和时间轴相对于两条世界线（你和AI）的方向不同，这一事实解释了为什么你对空间的测量和AI的测量不同，以及为什么

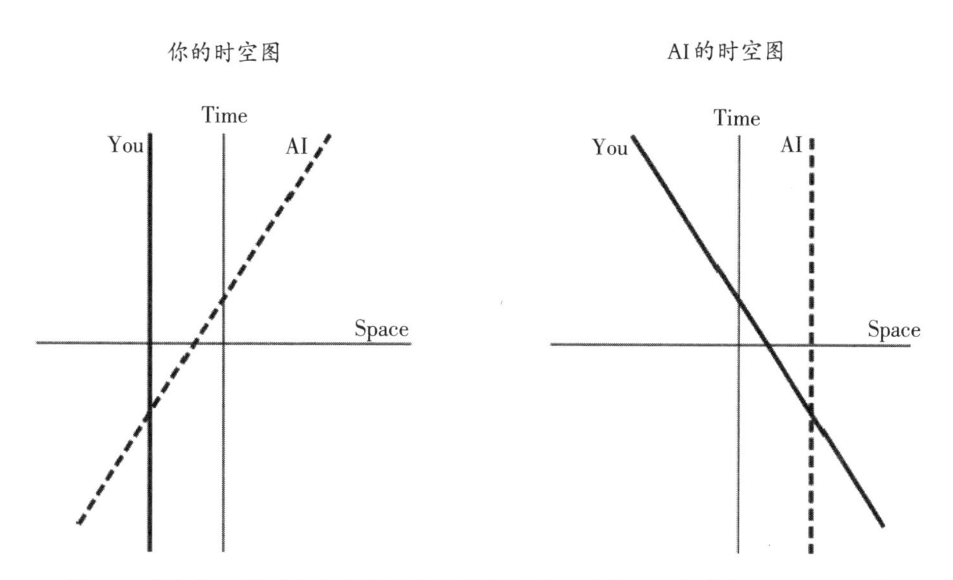

图5.7　当你和AI飘浮在各自的飞船里并做相对运动时，AI的时空图，可以通过将你的时空图微微旋转得到。鉴于你们都同意世界线的相对位置反映了时空现实，那么你们彼此时间轴和空间轴的不同位置就解释了为什么你们测量的空间和时间会有所不同

你对时间的测量和AI的测量不同。但请注意，如果你忽略坐标轴，它只代表任意选择的坐标系，这两个图实际上是相同的：你可以通过简单的转动下页面来将其中一个转换为另一个。这两个图相同的事实意味着时空现实对你们俩来说是相同的。

现在我们再次回到这一章的思想实验中，你发动引擎，这样AI看到你正在加速远离他。那么，这种情况下，在AI眼里，他的世界线和以前一样，而你的世界线是一条曲线，如图5.8左所示。那么我们现在回到你的时空图，由于你认为自己在引力场中处于静止状态，会像在飞船中自由飘浮时一样，把自己的世界线绘制为垂直的直线，如图5.8右所示。

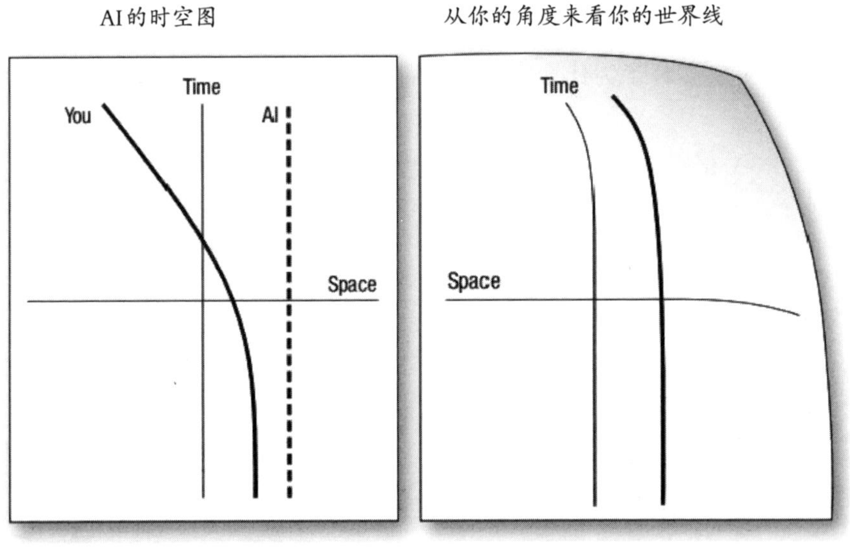

AI的时空图　　　　从你的角度来看你的世界线

图5.8　（左图）当你在太空中加速的时候，在AI的时空图中你的世界线是曲线；而在你自己的时空图中（右图），由于等效原理，你会认为自己在引力场中处于静止状态，而将自己的世界线绘制为直线。那么，你和AI如何才能在彼此处于同一个时空的问题上达成共识呢？

现在问题来了：根据我们在狭义相对论中所学的知识，现实生活中只有一个时空。这是每个人必须承认的事实。你所看到的你和AI的世界线以及AI看到的结果必然是可以重合的。当你和AI的运动速度恒定时做到这一点很容易（如图5.7），因为在你和AI看来，你们双方的世界线都是直线，只不过你和AI所选的坐标轴不同而已。但是，当AI说你的世界线是弯曲的，而你却选择把它画成直的时候，你们怎么能达成一致呢？答案是：请把你的纸折弯。

这个答案看似很简单，我将再次以不同的方式对其进行解释。问题的关键是只有一个时空现实。当我们面对呈直线的世界线时，无须弯曲时空，它们就可以相互重叠。但是曲线和直线是不同的。如果你的世界线在时空中是弯曲的话，那么你的时空是弯曲的。这就是爱因斯坦最幸福的想法带给我们的启示，本质上，有两种绘制弯曲世界线的方法：你可以像AI的时空图所做的一样，将你的世界线绘制为曲线，或者你可以在弯曲的纸上绘制一条“直”线，最后它形状是弯曲的。

现在我们可以用等效原理来解释这个问题。在AI看来，你的世界线是弯曲的，因为你正在时空中加速，这个我们用一张平坦的纸来表示时空。而在你看来，你在引力场中是静止的，但是这个引力场导致你的纸（代表时空）弯曲。换句话说，加速度和引力所产生的效应相同的原因是加速度和引力只是描述时空弯曲路径的两种方式。或者，可以得出一个关键结论：引力源于时空弯曲。

在继续学习之前，我必须先提醒你们：虽然折纸的类比非常有用，但它并不能完美地代表时空。正如我在第四部分提到的，实际的几何时空要比我们在高中时所学习的几何学更加复杂，如果你把折纸的类比更深入进行下去，你就会产生一些误解。请放心，我们有更准确的方式来代表时空，但它们需要数学技术（许多由爱因斯坦发明），这些超出了本书的范围。

捉鬼敢死队

我们一点都没有夸大我们刚刚所讨论问题的重要性。通过等效原理，爱因斯坦给了我们一个看待引力的全新的方式。

往前翻几页，再看图5.2，两个空间探测器相遇的情形。假设一下，你将此图复印出来，并放大，然后将其粘贴在一个圆形的大沙拉碗中，这时，两个空间探测器探测的路径仍会沿着相反的方向前进，但这一次，它们之所以可以相遇，并不是因为你画了圈，而是因为碗的形状让它们没有其他选择。时空并不是真正地像一个四维的大沙拉碗，但基本的原理是一样的。这就是爱因斯坦的新的引力观。它说明两个探测器在轨道上相遇和两名探险家在地球上相遇的道理是一样的：在这两种情况下，他们都尽可能走成直线，但是他们受到了他们移动的几何空间的限制。

值得花点时间进一步探讨这个想法。尽管地球本身是一个三维物体，地球的表面却可以看作是二维平面。由于只有两种可以独立移动的方向：南北方向和东西方向。就是因为地球表面上局部可以近似为二维空间，让人们曾经认为地球是平坦的，但我们不必从太空中观察，就可以证明地球是圆的，正如这章一开始讲到探险家故事的真实版本中，我们的祖先通过研究古代探险家的观察得知地球的表面是弯曲的。

在学习广义相对论之前，我们天真地认为空间是平坦的，就像我们的祖先曾经认为地球表面是“平坦”的一样。多亏了爱因斯坦，我们现在知道探测器正在告诉我们空间（和时空）的真实形状，就像古代探险家告诉我们地球的真实形状一样。在这种情况下，探测器在轨道上相遇的事实告诉我们，地球周围的空间一定是以某种方式弯曲的，使这种相遇成为它们的“直线”路径的自然结果。我们看不见这个曲率并不重要；我们可以通过观察轨道路径来测量它。[①]此外，即使我们知道曲率的原因是地球的“引力”引起的，探测器不需要关心地球是否存在，它们只是沿着空间局部结构所允许的路径移动。

在牛顿理论的旧观点看来，引力是两个具有一定相对距离的物体之间产生的。通过广义相对论，爱因斯坦消除了这一现象的神秘性，击败了任何可能导致这一现象的幽灵，并通过证明引力是时空弯曲的自然结果，而澄清了牛顿的谬论。行星运行的轨道不再是神秘的引力作用的结果，而是通过时空弯曲区域的可能的最直路径。

① 类似地球的二维表面在三维空间弯曲的事实，我们很自然地想知道三维空间（或者四维空间），是通过什么让其他维度弯曲的。不太令人满意的答案是，如果这样的维度完全存在，它们对我们的影响也不可能超过“三维”，就像蚂蚁在地球表面上爬行一样。也就是说，我们可以在数学上使用弯曲的四维空间，而无需引用或者了解任何其他维度。顺便说一句，对于某些熟悉现代物理学理论提出的在亚原子水平上包裹其他维度的方式的读者来说，这些维度被认为与时空之外可能存在的其他维度无关。

第6章　重新定义引力

关于引力源于时空弯曲这个观点，我们要花些时间适应。因为我们唯一可以做的只是把时空可视化，而且只能依靠一些二维类比四维的实验，比如我们把一张纸弯曲或者观察沙拉碗中的物体的运动轨道。但这个新观点非常吸引人，就像狭义相对论使我们对宇宙规律的理解更进了一步，广义相对论也是如此。

我们在第5章中看到，广义相对论消除了牛顿荒谬的想法，让我们认识到所有的运动都是相对的（或者，更准确地说，一切物理定律在任何参考系中都保持着相同的形式，相对论中把这叫做“广义协变原理”），并对引力效应和加速度效应之间令人震惊的巧合（即引力和加速度等效原理）做出了解释，这说明了自然规律的内在简单性。

从历史角度来看，爱因斯坦所面临的最艰巨的任务是当他提出等效原理之后，必须找到让其他科学家们也认可的方式。毕竟，科学史上充满了在当时听起来很吸引人的美好想法，而仅仅因为爱因斯坦的等效原理是他“最幸福的想法”，并不足以使它在科学上合法化。爱因斯坦所需要做的是基于等效原理，给出一个完整的、有数学基础的引力描述。此外，他的理论还需要做出一些定量预测，来证明与牛顿引力理论的相关预测之间的不同。因此，通过真实的试验或观察就可以检验出他提出的新理论是否要比牛顿旧理论更好。

广义相对论的证明需要精确复杂的数学计算，这就是为什么爱因斯坦从开始有了等效原理这个想法到广义相对论的最终发表竟花费了8年之久。

等效原理的证明需要用到比狭义相对论更复杂的数学计算，特别是，狭义相对论可以用简单的代数推导出来。而对于弯曲的四维时空的计算则需要深奥的数学分支的知识，而在爱因斯坦发明广义相对论之前，这些数学分支的研究还不成熟。更何况牛顿为了研究他的引力理论，发明了微积分，同样的道理，为了研究广义相对论也需要发明出新的数学技术。

在这本书中，我们不会涉及广义相对论的数学计算方法，但大家有必要知道这个数学方法存在的重要性，其中有三个原因：首先，我们的类比是不完美的，当然你也不要因此怀疑它们的正确性，因为真正的理论是经过严密的数学验证的。其次，我发现很多人低估了数学在自然科学中的重要性。虽然科学是基于一些想法而发展起来的，但是要证明这些想法，你就必须采用一些数学工具来做精确计算。第三，我希望这本书可以激发年轻的读者去更深入地了解相对论，我要提醒你们，只有认真学好数学才能更好地理解相对论。

话虽如此，现在是时候让我们去更深入地了解“引力源于时空弯曲”的说法了。我们先从“时空中的物体是否会失重”这一问题开始，然后用我们敏锐的洞察力找出造成时空弯曲的原因吧。

尽可能直的路径

回想一下，当你和AI在各自的飞船中处于失重状态，在深邃的太空中以恒定的速度相对运动着，在这种对称性的条件下，你们双方都很容易声称自己是静止的那个人。然而，当你发动引擎时，你们的对称状态被打破了，此时AI依然处于失重状态，而你却感受到了重力。为了证明你自己仍处于静止状态，你必须使用等效原理来解释你感受到的重力来自于引力作用，而AI则因为自由落体运动而处于失重状态。此时，AI仍然可以继续声称他的失重是源于在太空中静止不动。

我们都注意到，你和AI都赞同的一点是AI是失重的。你们之间的不同是在于解释的角度不同。根据等效原理，你们的观点都必须表达相同的时空真相。这意味着一个物体在时空中飘浮的路径一定与它自由落体的路径是一样的。现在，就像我们研究引力和加速度在时空中是如何等效的，我们必须要搞清楚为什么这些处于外太空的物体和自由落体的物体的路径是“相同”的。

也许，令人不可思议的是,我们可通过思考另一种情况找到答案，当物体处在它们的运行轨道上时，它们处于失重状态。因此，国际空间站上的宇航员之所以失重，是因为他们处于不断向地球下落的自由落体状态，你可以通过想象自己在一个非常高的高塔上做抛物运动来理解这些（如图6.1)，假设你跨出高塔的话，你会因失重而自由坠落；但是如果你经过了助跑之后再跳下高塔，你仍然会因失重而自由坠落，但是这次你的坠落位置要比未经助跑时的坠落位置远一点。你跑得越快，你在降落之前就走得越远。如果你能在空间站的高度跑得足够快，可达到每小时28 000千米（即约每小时17 000英里）的速度，就会发生一件非常有趣的事情。当地球引力拉着你下落远离塔的顶端，你绕着地球飞行了很远的一段距离，以至于不再掉落到地面上。相反，你会一直以高塔的高度在地球上空环绕飞行，成为环游世界的方式之一。换句话说，如果你的速度足够快，你就可以永远环绕地球，这和绕着地球的轨道运行是一样的。

现在，我们回忆上一章所提到的轨道上的物体就像沙拉碗中的弹珠，沿着时空弯曲的路径运动，因为受其所在弯曲时空的几何形状的限制，它们的运动轨迹不再呈直线，而是一条尽可能地逼近直线的运动轨迹，我们称这样的直线路径为“最可能直的路径”。因为所有自由落体的运动轨迹在时空中是等效的，我们可以得出这样的结论，所有的这些轨迹都代表着物体在时空中沿着两点之间的最直路径运动。换句话说，因为等效原理告诉我们，在外太空中飘浮和自由落体是等效的，任何失重状态的路径的共同时空特征就是它属于最直路径。每当你感受到重量时，比如当你点燃你的火箭发动机或者站在地球上时，你就不是在最直路径上。

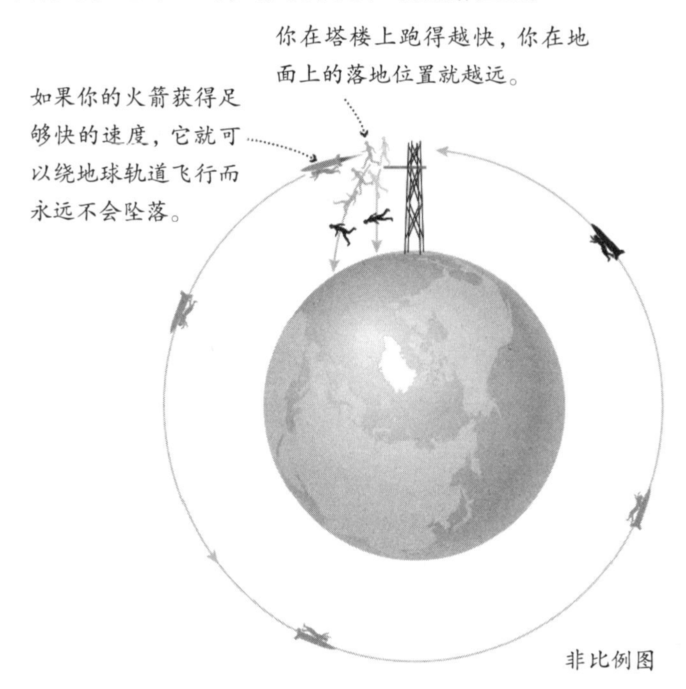

图6.1　这张图解释了为什么在地球轨道上绕地飞行可以被看作是一种持续的自由落体状态。此图改绘自杰弗里·贝内特（Jeffery Bennett），梅根·多纳休（Megan Donahue），尼克·施奈德（Nick Schneider），马克·沃特（Mark Voit）的《宇宙透视》（*Cosmic Perspective*，2014年第7版）的插图。而它经新西泽州上马鞍河皮尔森教育有限公司的许可，又改绘自玛丽安·戴森（Marianne Dyson）的《空间站科学》中的一张图表。

我们可以用一个例子来帮助了解我们的发现。如图6.2所示，北京和费城的纬度都在北纬40度，但是在经度上几乎跨越了半个地球。因而，从费城到北京的最短最直的路是一条几乎越过北极的“大圆”路径（如果我们把这条线延长的话，它可以把地球对半分开）。从费城到北京之间还有许多路，但是其路径都比最直的路径要长而且更加“弯曲”。相同的道理，在时空中的两点有多种可能的连接路径，但是只有一条路径是最直路径，也只有在这条路径上，你是处于失重状态的。

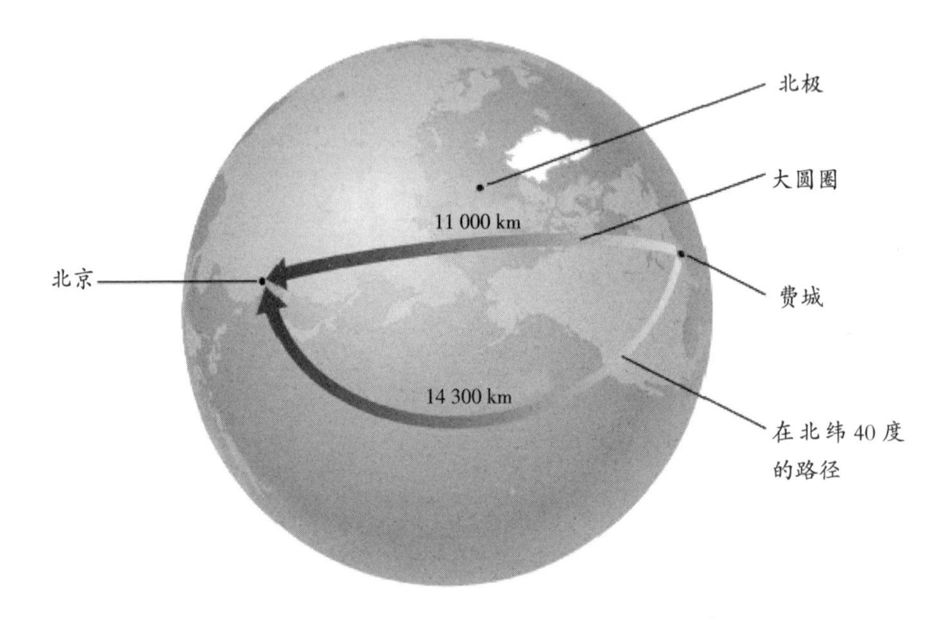

图6.2　在费城和北京之间有许多可能的路径，但是在所有的路径当中，最短、最直的路径只有一条。所有其他路线，比如沿北纬40度的路线看上去长度更长更弯曲。

引力新见解

在太空中，轨道代表着时空中最直路径这一事实是非常有意义的。这意味着，尽管我们看不见时空弯曲，但是却可以通过观察轨道的路径，把它们描绘出来。我们在已给的例子中可以看到，探测器的轨道告诉我们地球表面的时空是弯曲的，使得探测器不断绕着地球的轨道旋转。

我们可以通过绘制更多的轨道来进一步验证这个想法，比如，离地球较近的物体椭圆轨道比离地球远的物体的椭圆轨道更加紧密，这告诉我们，当你离地球越近的时候，空间一定更加弯曲。同样，一个围绕着质量更大的行星（比如木星）运行的物体，其运行速度要比围绕地球运行相同距离的物体快。这告诉我们木星周围的时空弯曲得更厉害（可以给绕木星飞行的物体更快的速度）。我们可以得出一个关键结论：时空的弯曲程度是由其内部的质量决定的。质量越大，周围的空间就弯曲得越厉害。当一个质量较小的物体绕着另一个质量较大的物体旋转时，它会沿着最短最直路径运行，同时它提供了所在的局部区域的时空结构。

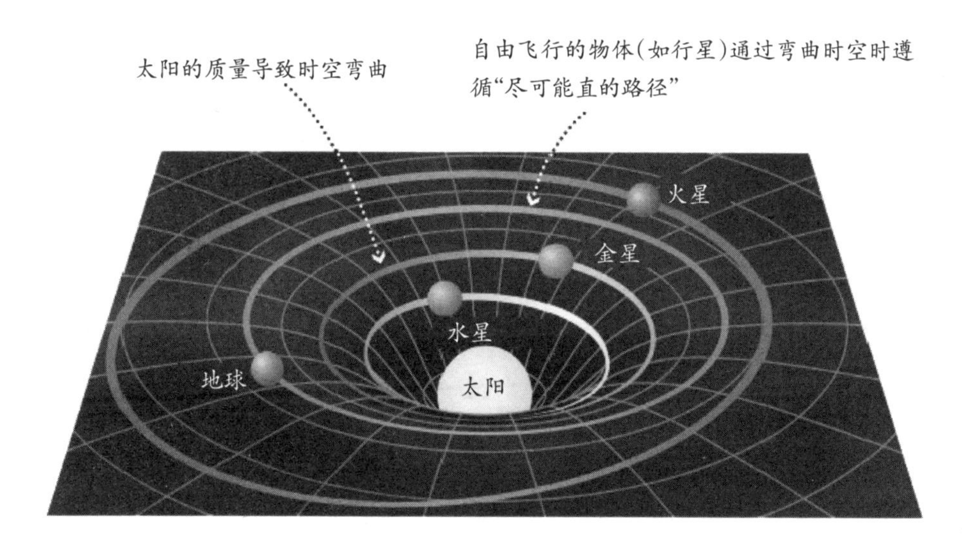

图6.3　根据广义相对论，行星绕太阳的公转就像弹珠绕着拉伸的橡皮膜旋转一样，每个行星都是尽最大可能走最直路径，但是时空弯曲会让它的轨迹形成空间曲线。

将这个想法可视化的常见方法是用一张可自由伸缩的橡皮膜来代替时空，我们把不同质量大小的玻璃球放在上面，分别代表了恒星和行星[①]。图

①更严格地讲，这些嵌入图代表的是一个物体或者空间区域的二维切片的形状，和我们在多维空间看到的情况一样。例如图6.3显示横切太阳轨道和行星们的轨道（大约都在一个平面上），但它是多维的曲线形状。

6.3 显示了一张代表太阳系时空结构的橡皮膜，我们把一个质量较大的玻璃球放在中间来代表太阳，把质量较小的玻璃球放在周围，当作围绕太阳运转的行星。从图中可以看出，中间代表太阳的具有较大质量的球体造成了橡皮膜的弯曲变形，导致周围代表行星的玻璃球受到时空的限制，而沿着尽可能短的直线轨道运行，就和行星绕着太阳的公转轨道一样。

与我们其他的时空类比一样，橡皮膜上的类比只是很简单的类比，它可以很好地表示轨道的工作模式，但是一块橡皮膜的形状是不能和太空几何形状完美匹配的；事实上，橡皮膜根本不能表示出时空中的时间部分。更重要的是，请记住，橡皮膜是一个二维空间表示四维空间的类比，当我们看向太空时，我们在橡皮膜上观察到的扭曲根本就是不可见的，当你用望远镜看的时候，发现太阳和行星以独立存在的球体出现，与放在橡皮膜上或者碗中的球体是不同的。

引力透镜效应

我们可以利用关于引力的新见解来检验爱因斯坦的相对论，我们先从质量较大的物体周围的时空弯曲开始。我们虽然无法直接看到时空弯曲，但是可以通过探测光在穿过时空时的路径变化来探测它。光速总是恒定的，这就意味着它既不会加速也不会减速。因而，光速在时空中一定是沿“最直路径”传播的，如果太空本身是弯曲的，那么当光通过弯曲的时空时，也将会发生弯曲。爱因斯坦意识到了这个问题并做出了科学史上非常著名的预测：他预测，在日全食期间，当观察太阳附近的恒星时，恒星的位置会稍微偏离原来的位置。

天文学家可以非常准确地测量夜空中恒星的位置和角距。假如我们在白天看到了两颗恒星——我们称之为恒星 A 和恒星 B——恒星 A 离太阳的距离比恒星B近，如图6.4所示，由于离太阳越近，时空越弯曲，恒星A发出的光，与恒星B发出的光相比，会绕着一条更弯曲的路径抵达我们，测得的结果是两颗恒星的角距要比我们晚上看到的角度明显要小一些。[①]

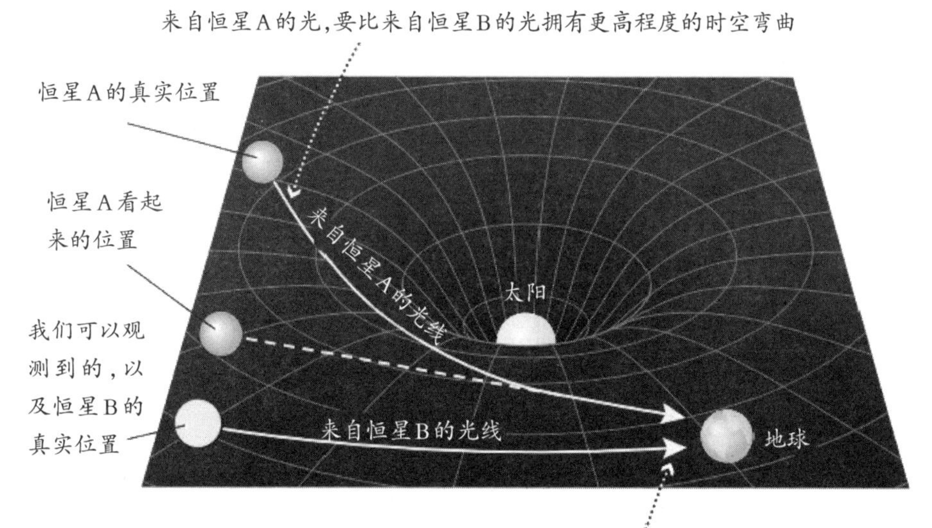

图6.4　如果我们在白天观察恒星，就像我们在日食的时候观察到的那样，太阳附近的时空曲率，可以引起恒星位置在可测量上的变化。

根据爱因斯坦的预测，两组天文学家团队投入到检验广义相对论的试验中。在1919年5月29日，由阿瑟·爱丁顿（Arthur Eddington）带领的探险队前往非洲几内亚湾西海岸的普林西比岛，而安德鲁·克罗梅林（Andrew Crommelin）带领的探险队前往巴西北部，分别在当天日全食的时候，对恒星的位置进行了观测。同年11月6日公布了观测结果，这对爱因

①有趣的是，牛顿力学也预测了太阳周围的光线传播路径的弯曲（光被认为是有质量的微粒，以光速运动），这是当时科学家们都很清楚的预测。然而，爱因斯坦发现广义相对论预测的弯曲度是牛顿理论的两倍，这使检验哪种理论与观测结果一致成为了可能。

斯坦来说是巨大的成功。科学家们通过观测证实了时空弯曲的这一事实，引起了媒体的高度关注。而爱因斯坦，这个名字在科学界之外鲜为人知，突然间家喻户晓。

光线由于受到引力而弯曲的现象，已经被证实了很多次，通常叫做引力透镜效应，类似于通过玻璃透镜让光线弯曲的方式。天文学家们在接下来的日食期间继续对恒星进行观测。1960年左右，射电望远镜的出现使得天文学家们可以在白天观测恒星的位置，而不再需要等到日全食的时候。因为射电信号的监测不受日照的影响。现在，人们已经可以非常精确地测量由太阳引起的星光偏折，证明爱因斯坦的预测和实际的测量结果吻合，精确度达到了0.01%。换句话说，以现在技术的准确性，广义相对论预测的值与观测到的星光偏折角之间非常接近（这本书付印后不久，欧洲航天局计划发射盖亚探测器，有望更加严密地验证这一预测，测量精度可提升到0.002‰）。

引力透镜效应也适用于太阳系外的时空，它可以让遥远星系发射的光线弯曲，并常常产生非常壮观的视觉效果。图6.5展示了引力透镜的工作原理，当一颗遥远的恒星或星系在另一个大质量的星体后方时（从地球视角看），该星体在其附近造成的时空弯曲会让其身后的恒星或星系发射的光线路径发生弯曲，使原本在不同的方向上偏离的光路最终汇聚到地球上。根据我们和被观测到的恒星或星系之间精确的四维空间几何结构的不同，我们会看到所观察的恒星或星系的图像可能会被放大，扭曲成弧形、环状甚至会变成不同的图像。图6.6展示了通过哈勃望远镜拍摄的一幅令人惊叹的图片。

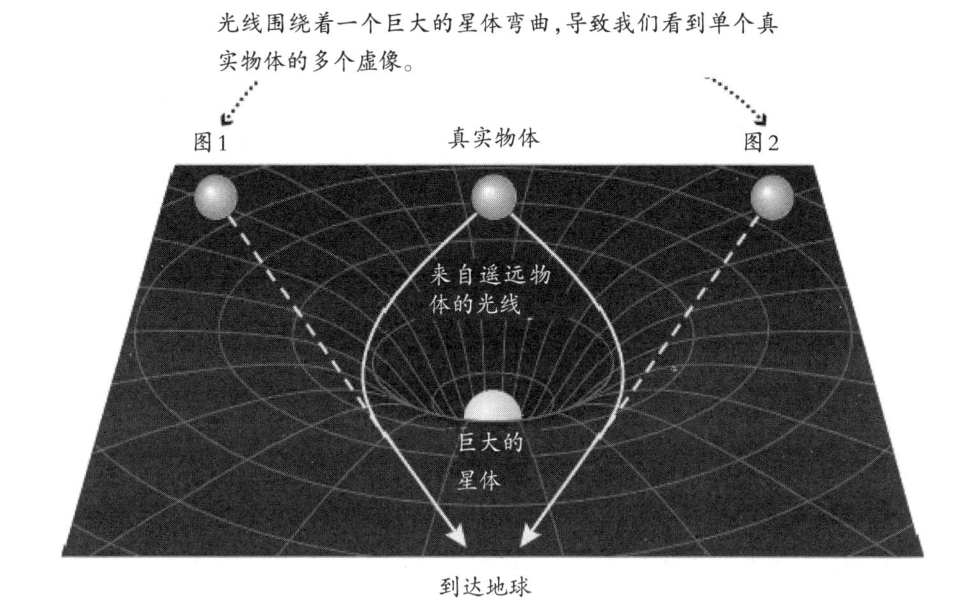

图6.5 此图向我们展示了引力透镜效应如何让我们看到一个真实物体的两个截然不同的图像。注意，如果你在三维空间观察相同的情况（而不是现在展示的二维空间），你可以看到更多的图像，或者是光弧或环；如果两个图像之间的间隔角度小，引力透镜效应还会使单个图像放大。

值得注意的是，引力透镜效应不仅可以让我们拍摄出漂亮的图片，而且也非常有用处。天文学家们已经对遥远宇宙中发现的引力透镜效应习以为常了，如今他们经常反过来利用引力透镜效应来绘制宇宙中暗物质的分布。你可能已经听说过，强有力的证据表明，宇宙中大多数物质根本不发光（因而得名为暗物质），这就意味着我们所有的望远镜都观察不到它。但天文学家可以利用这些暗物质附近存在的引力透镜效应造成的光线弯曲来计算它们的质量分布，因为无论是普通物质还是暗物质，都具有质量。通过这些计算可以找出暗物质的位置在哪儿及它们的质量有多少。

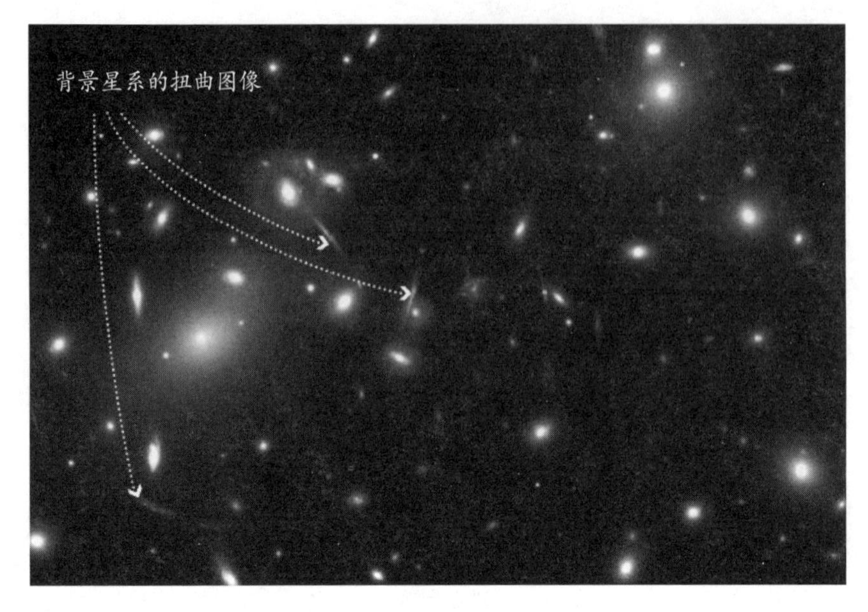

图6.6　这张哈勃望远镜拍摄的图片展示的是被称为Abell2218的星系团，这些细小的光弧是由引力透视效应产生的，这是由于星系团的引力扭曲了来自它后面星系的光线所形成的。图由美国宇航局/哈勃太空望远镜科学研究所提供。

对于爱因斯坦成功地预测了引力透镜效应，其中有一个很有趣的旁注，来源于他对自己观测的描述。请记住，爱因斯坦曾经致力于寻找一种可以适用所有参考系，兼具美感和协调性的宇宙学理论。他确信广义相对论与被替代的旧引力理论相比，为我们提供了一个更美丽更切合实际的宇宙观。

因此，在1919年，有个学生问他："如果日食观测并没有成功证实他的理论预测，我们将会作何反应呢?"据说爱因斯坦回复道："那么我会为仁慈的上帝感到遗憾的。无论如何，这一理论是正确的。"这不是他能做出的最科学有效的证明，因为只有观测和试验才是科学上的最高考验，但它说明了爱因斯坦在宇宙研究上的重要性。

引力时间膨胀和引力红移

回想一下，在第1章的黑洞之旅中，我们发现扔进黑洞里的时钟，随着它的坠落，时钟上的时间变得越来越慢，时钟的数字逐渐变成了红色。我们所观察到的这两种现象都是广义相对论关于引力和时间的相关预测。和之前一样，我们通过思想实验来理解这个预测。

想象一下，这次你和AI不再是分别坐在两个宇宙飞船中，而是在同一艘长长的火箭形状的宇宙飞船上，你们两个分别坐在飞船的两端（如图6.7）。在太空中关闭掉飞船的引擎后，你和AI都因失重在飞船里飘浮着，你们身边都有一盏每秒闪烁一次的灯。因为你们两个人都在自由地飘浮着，保持相对静止，而且你们都具有共同的参考物。所以你们会看到彼此的灯光以相同的速度闪烁着。

那么，现在我们可以想一下，当你发动引擎的时候，会发生什么事情呢？因为，你们两个人都在同一艘飞船里， 你和AI都感受到了推力，AI在下层甲板上（在飞船的后部），你在上层甲板上 （在飞船的前端）。你可以把你们感受到的推力解释为加速度或者重力的影响，我们姑且假设你认为自己感受到的推力来源于飞船引擎产生的加速度，因为你看到自己相对于其他行星的速度正在增加，此时你去看下加速度会对你们彼此的灯光闪烁产生什么影响呢？

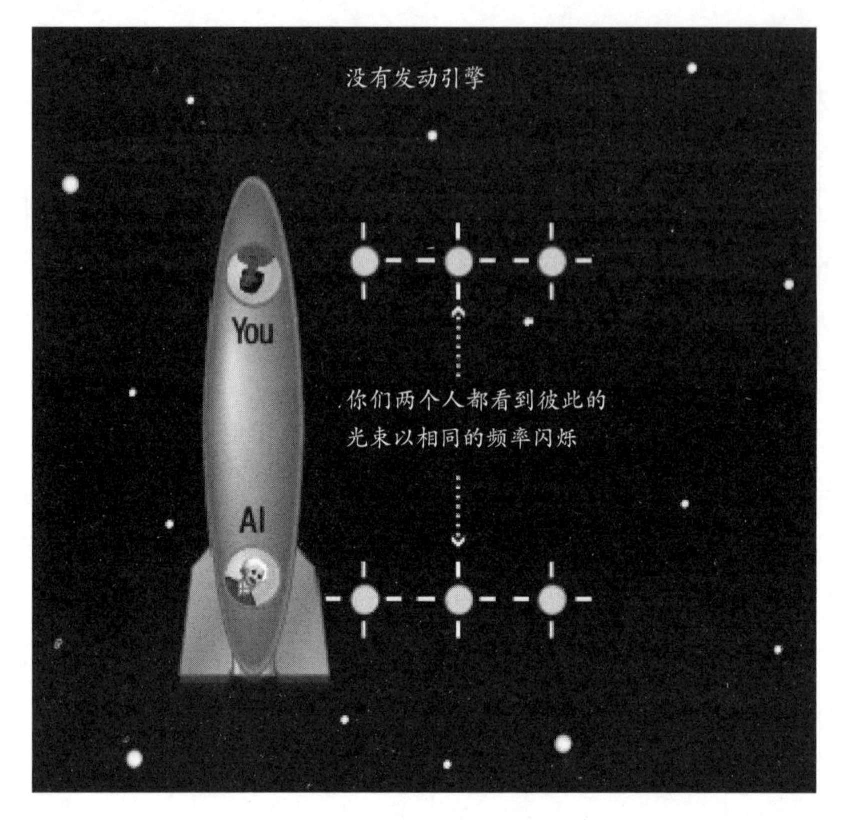

图6.7 你和AI分别在火箭形状的宇宙飞船的两端，都处于失重状态飘浮着。你们都拥有一个每秒闪烁一次的灯，因为你们拥有相同的参考系，你们会看到彼此的灯以相同的速率闪烁着。图由美国国家航空航天局/哈勃太空望远镜科学研究所提供。

我们可以通过思考两个事实来回答这个问题：(1) 从宇宙飞船的一端灯闪烁的光束只需很短的时间就可以抵达飞船的另一端；(2) 在这个较短时间内，这个加速度意味着你们所在的宇宙飞船的速度在增加。在你看来，因为你坐在加速的飞船前面，不断增加的速度意味着你离AI那边发射光束的起点位置越来越远。因此当AI那边发射的光抵达你时，将会需要比先前更久的时间，只要这个飞船一直以相同加速度加速时，这个额外需要的时间就总是一样的。这意味着你仍然会看到AI身边的光束以相同的频率闪烁，但它现在闪烁的频率要低于每秒一次。因为你知道两盏灯的设计都是每秒一次（你的灯依然是每秒闪烁一次），因而，你得出结论，在宇宙飞船后面坐着的AI经历的时间要比你的时间慢。

而在AI看来，飞船不断增加的速度意味他离你发射光束的起始位置越来越近。因此，他的观点与你相反，他会看到你身上的光束闪烁得越来越快了——比飞船加速之前每秒一次的频率更快。于是，他得出了结论，你的时间过得比他的时间要快。换句话说，你和AI都认为加速中的飞船前部的灯要比飞船后部的灯闪烁得要快。

让我们暂停一下，把这个情况和第5章中研究过的情况加以比较：在第5章中，你和AI都因失重而飘浮在各自的飞船中，你们的飞船以很高的速度相对运动。在这种情况下，你们会在谁的时间跑得更慢的问题上争执不休，因为只要你们的运动还在继续，就不可能把两个时钟放在一起比较，看谁的时钟走得慢。

我们回到现在的情况，你和AI都乘坐同一艘宇宙飞船，这就意味着你们很容易比较双方时钟的快慢，你们可以在飞船上走来走去。因此，你们的时空相同意味着你们在比较两个时钟时，你们相信自己所看到的：毫无疑问，飞船后面的时钟比前面的时钟走得慢。

现在，我们发现在加速飞行的飞船后端的时间要比飞船前端的时间过得慢。如果我们利用爱因斯坦的等效原理，把同一艘飞船置于引力场中并保持静止状态，此时观察飞船前端和后端的时间快慢，可以观察到相同的现象（如图6.8）。这样我们可以得到一个令人震惊的结论：对于一艘飞船或者地面上的任何物体，广义相对论预测它们在海拔较低的地方比在海拔较高的地方时间过得慢。也就是说，在引力场中，时间在海拔较低的地方比在海拔高的地方跑得慢，这种效应被称为引力时间膨胀效应。引力越大，因而时空弯曲的程度就越大，引力对时间的膨胀效应也就越显著。

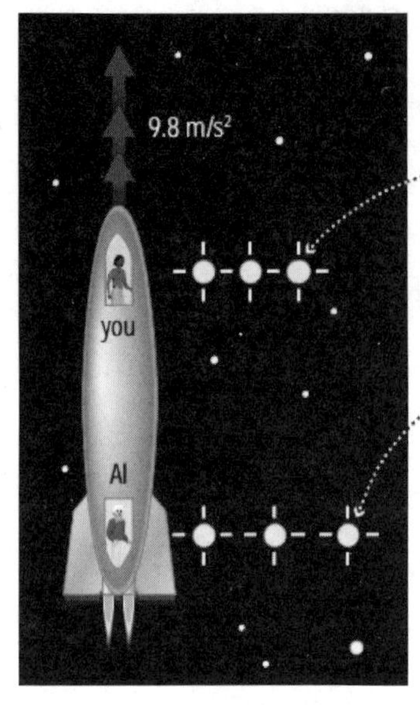

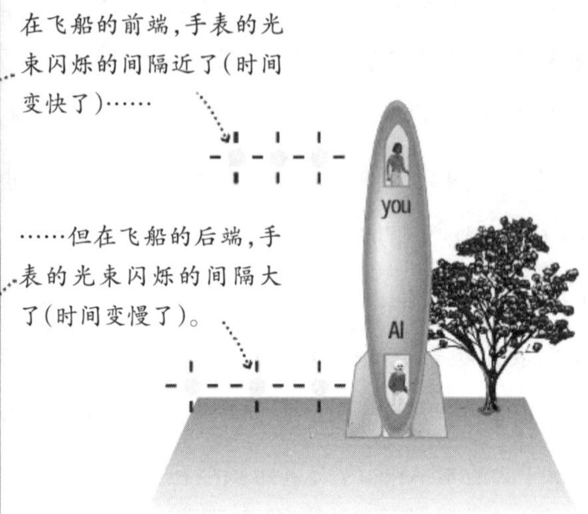

图6.8　（左图）如果你发动宇宙飞船的引擎加速，你实际上是在远离AI的灯光发射的位置，而他正朝着你的闪光发射的位置移动，这意味着你们都同意他的灯光的闪烁速率比你的慢。（右图）根据等效原理，你会发现在地面上的宇宙飞船结果与在太空相同，这意味着在较低的高度（引力较强的地方）时间运行比在较高的高度慢。

引力时间膨胀效应的预测可以通过比较位于不同引力场强度的时钟来验证。在地球上，我们可以用原子钟精确地测量出地球上高度差仅为一米的两个位置的时间差异。尽管在地球上不同高度产生的时间差异非常小，可能在一个人一生中，时间差异累加起来也仅有十亿分之一秒，但它们与广义相对论的预测是完全一致的。在更实际的层面上，全球定位系统（GPS）就是依赖于非常精确的对比地球上不同地方的时钟和绕地轨道卫星的时钟之间的时间差异。因为绕地轨道卫星在地球上空高速运行，全球定位系统里的软件必须要考虑从狭义相对论中预测出的时间膨胀效应（根据每颗卫星相对于地面的速度）和引力时间膨胀效应（根据每颗卫星相对于地面的高度）的综合影响。这些依据相对论理论对数据进行的修正是非常重要的，否则你的GPS导航系统对你的定位一定是不准确的。因此从某种意义上来说，每当你使用GPS导航系统时，你都在验证和确认爱因斯坦的狭义相对论和广义相对论预测的准确性。

我们知道地球上有相对较弱的引力场，你可能很想知道我们是否验证过这个预测，即：物体的引力场越强，引力时间膨胀效应就会越明显吗？答案是肯定的。因为尽管我们无法在这样的星体上放置时钟来测量它们附近的时间膨胀情况，但几乎所有的天文物体都有属于它们自己的天然原子钟。我们可以通过光传播得到的彩虹状的光谱来观察这些天然时钟。在足够高的分辨率下，我们发现太阳和其他恒星的光谱都有着很多清晰的光谱线，这些谱线中的每条线都是由一种特殊化学元素所产生的，这种特殊化学元素可以发出具有特征频率的光，使得这些光谱线可以等效于原子钟。

我们一起来了解下光谱是如何检验我们的广义相对论的，假设在地球上的实验室中有某种特殊的气体，散发的光谱频率为每秒500万亿次。如果太阳上也存在着这样的气体，它也会发出频率为每秒500万亿次的光谱线。由于太阳的引力要比地球的引力要强，广义相对论预测太阳上的时间要比地球上的时间过得更慢，这意味着太阳上的一秒比地球上的一秒要长。因此，在地球上的一秒钟时间内，我们无法看到太阳上该种气体在一秒钟内散发的500万亿次的全部光谱，也就意味着我们观察到太阳上的该种气体的光谱频率比在地球上实验室中观察到的要更低。由于频率越低的光谱颜色越红，太阳附近会出现因为引力时间膨胀而导致光谱线的颜色比其他地方的更红，这种现象，我们称之为“引力红移”。它解释了在第1章中，为什么当你把时钟扔进黑洞后，时钟上的数字会变红。更重要的是，因为我们知道太阳和其他恒星的引力大小，就可以根据广义相对论预测出这些星体附近引力红移的数值，然后和我们实际观测到的引力红移的精确数值相比较，正如你所料，广义相对论的预测与实际观测结果是相符的。

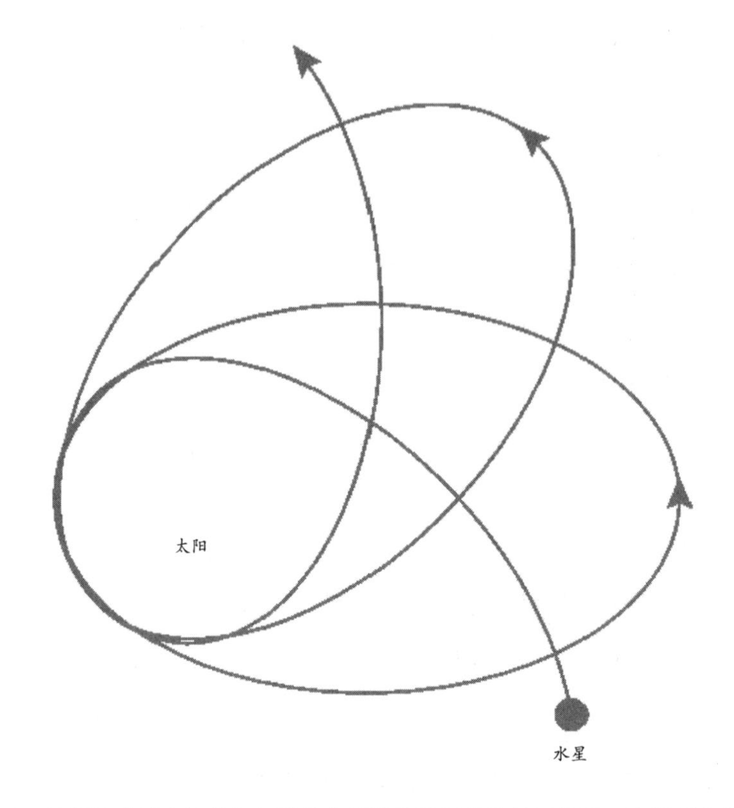

图6.9　该图显示了水星是如何围绕太阳缓慢地运转的椭圆轨道。这幅图其实被高度夸大了；实际进动速率是每世纪不到2度。牛顿力学不能解释所有的水星运动轨道，只能解释其中的大部分，但广义相对论可以解释全部。

广义相对论经过了许多方式的检验，迄今为止，已经通过了每一次的检验。在这里，我要提到一次有着重要历史意义的检验。牛顿理论预测到由于受到其他行星的引力影响，水星绕太阳的轨道会发生缓慢进动。图6.9是一个非常夸张的进动视图。19世纪，通过对水星运行轨道的仔细观察表明，它确实在进动，但根据牛顿力学所做的计算和实际的观测结果并不完全一致。不过误差其实是很小的（预测误差仅为每世纪0.01度），但天文学家找不出解释产生这个误差的原因。后来爱因斯坦注意到了这个差异，从当他第一次想到等效原理的时候起，他就希望通过新思路找到解释水星运行轨道的方法。当他最终成功后，他激动得三天不能正常工作，后来他把成功的这一刻称为他学术生涯的顶点。从本质上来讲，爱因斯坦证明了之所以产生差异，是因为牛顿力学假定的是时间是绝对的，而空间是平坦的。然而事实上，在水星轨道离太阳越近的那部分，时间运行得更慢，时空也更加弯曲。广义相对论方程考虑到了时空的这种扭曲，预测的水星轨道与实际观测的水星轨道精确匹配。

重温双生子佯谬

广义相对论的思想可以让我们对在第四部分中简要讨论的双生子佯谬产生新的理解和认识。我们回忆一下，假设一对双胞胎，一个待在地球的家里，而另一个准备到遥远的恒星进行一场高速旅行，然后再返回地球。因为所有的运动都是相对的，那位飞往恒星的孪生兄弟可以说他是静止的，哪儿也没去，是地球和遥远的恒星在移动。开始时是地球在离他远去，而恒星在向他靠近。然而当他返程时，是地球向他移动，而恒星在离他远去。这个佯谬一直围绕着这样一个问题，双胞胎中的每一个人都声称自己是静止的，对方才是时空旅行的那个人，那么他俩谁衰老得更慢呢？在第四部分中，我们注意到双胞胎佯谬的解决是因为发现他们不对称的情况，就是太空旅行的那位兄弟经历了加速，而留在家里的人并没有。我们最终得出结论：在太空旅行中的那位衰老得更慢。

有了广义相对论，我们可以用思想实验的方法来更加深入地探讨这个佯谬的解决办法。假如你和AI在各自的飞船中因失重而在一起飘浮着，你俩的手表是同步的。如果你仍然处于失重状态，而AI启动引擎加速到离你不远的地方，再到稍远的地方减速停止，然后转身返回。从你的角度来看，AI 的移动让他的表比你的表走得慢。因而，当他回来的时候，你们会发现AI 经历的时间要比你经历的时间要短。那么，AI 是怎么看呢?

你俩没完没了地争论到底谁在移动，但事实很明显，在旅途中，你始终处于失重状态，而AI感受到了向飞船地板方向的推力作用。AI 可以通过两种方式来解释他感受到的作用力：首先，他承认自己是那个在加速的人。这样，他会同意他的表比你的表走得慢，因为在加速的飞船中，时间走得慢。另外，AI声称自己感受到了重力，是因为他的引擎产生的加速度抵消了引力场的作用，而你自由落体时，他是静止的。然而，请注意一点，他仍然会承认他的表比你的表走得慢，因为时间在引力场中也走得慢。无论你俩怎么看，结果都是一样的：AI经历的时间更短。

图6.10 是这个实验的时空图。你和AI都在时空中的两个位置之间移动(与AI旅程一样的起点和终点)。但是你从起点到终点的路径比AI的行驶路径要短。因为我们已经得出了AI花费的时间更少，因此引领着我们洞察到关于时间流逝的规律：在时空中的两个位置之间的所有路径中，路径越直或越短，时间过得越快。如果你沿着最直路径运动，即你始终处于失重状态的路径，那么你在太空中的两点之间花费的时间最长。

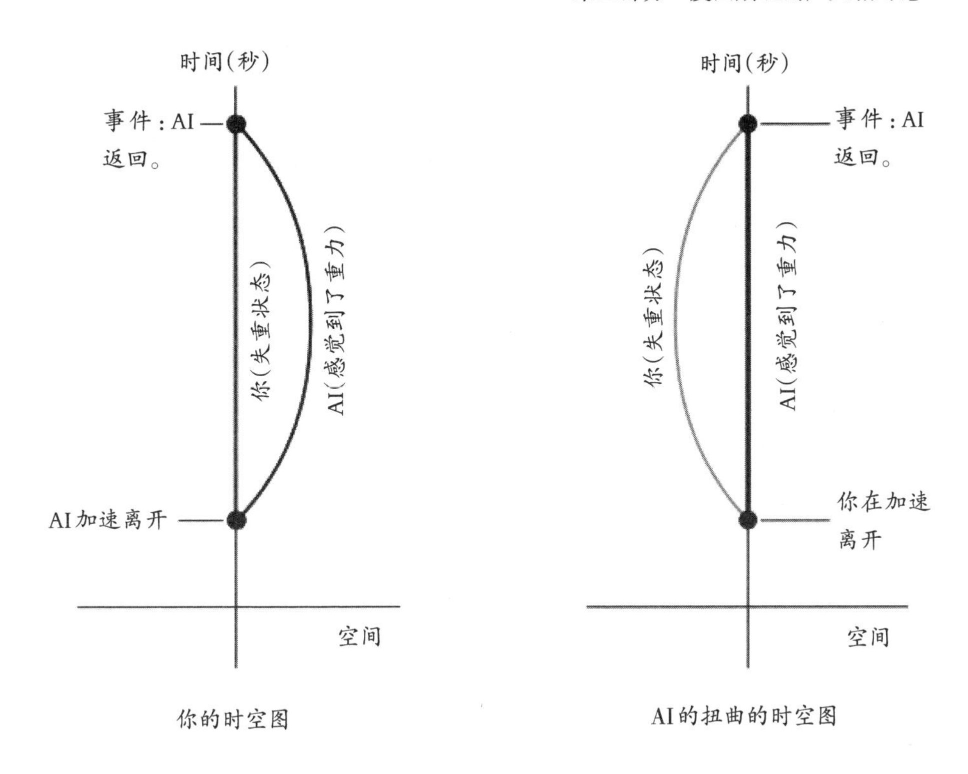

图6.10　你和AI从同一个起点出发，然后又回到同一个终点。你在整个过程中都飘浮着，处于失重状态，而AI感受到了重力。因为你是失重的，你可以画出左边的时空图，可以得出结论，因为你走的路更短更直，所以花费的时间更长。而在AI来看，他之所以有体重也是由于引力的原因，这意味着他必须在一张弯曲的纸上画出时空图。因此，如果我们把它放平，正如右边所示，这个时空图一定是弯曲的。如果我们按照正确的曲率来观察它，AI的时空图也会显示你沿着最短最直的路径运动。

双生子佯谬关键就在于为什么AI不能声称自己是走最短最直路径的那个人？毕竟，他一定会尝试画出图6.10右边的时空图，因为他认为自己是静止的，所以他画出的世界线是直线。他的时空图似乎显示了他走了更短、更直的路程，但这种表象实际上是对事实的扭曲。记住，他唯一认为自己处于静止状态的原因，在于他所在的引力场使他感受到了重力。而在这种情况下，引力必会引起他附近的时空发生弯曲。因此，如果他想画出显示他“静止”的时空图，必须在一张适当弯曲的纸上把它画出来。而在这张纸上可以显示出他的路径确实比你的路径更长，更弯曲。

AI 的问题类似于一个飞行员在一张地球的平面地图上计划从费城到北京的航行。在平面地图上，最直的距离似乎沿着这条连接着两个城市的纬度线，如图 6.11 的直线路径所示，然而这张地图是扭曲的，因为，地球表面实际上是弯曲的。最短最直的距离依然是我们在图 6.2 中所看到的环形的路线，即使这条路径要比在平面地图上看起来更弯曲，也更长。正如世界地图上的这种变形，并不会改变城市之间的实际距离一样，我们选择绘制时空图的方式，并不会改变时空的真实情况。AI 确实是那个时间过得更慢的人，因为他在时空里所行驶的路径要更长，更弯曲。

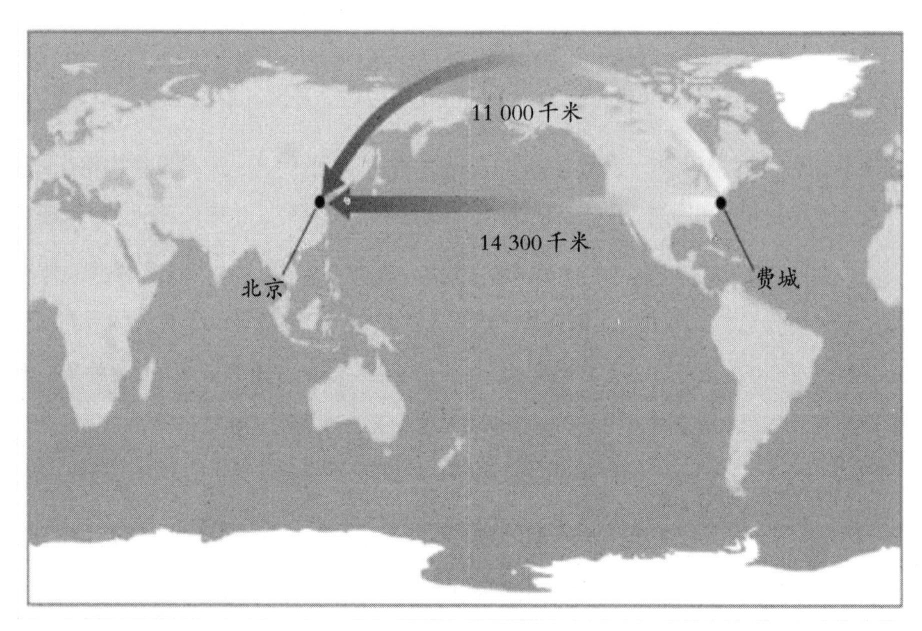

图 6.11　这张平面地图显示了北京和费城之间的两条路径，与图 6.2 中所示两条路径相同。因为地球是球体，绘制的平面地图扭曲了实际位置，使实际最短和最直的路径看起来更长。

为了让大家更好地明白这些想法，让我们再一次回到前往黑洞的旅程。为了提高飞船飞行的速度—— 然后可以尽快返程——你开始对其进行极大的加速。这些加速度等同于很强的引力，广义相对论告诉我们，在飞船加速的过程中，你的钟表的时间一定比地球上钟表的时间要慢得多。这就是为什么你回到家后，年龄要比地球上的人们的年龄要小得多。现在有一则关于你的好消息，试想一下，假如我们提前为你安排好了旅程，使你的飞船的速度可以实现瞬间加速。这样做的好处是地球上的人们可以计算出你的膨胀时间（可以根据狭义相对论的简单公式计算）。但是，它有一个缺点，加速的力量会瞬间杀死你。现在我们为你提供一种更加安全的旅行方式：取代瞬间加速，你可以逐步加速，一直加速到旅程中点，然后再逐步减速抵达黑洞，然后在返程时做相反的动作。只要你的平均速度和我们之前假设的一样，那么你的整个旅程中的总时间仍然会像我们之前发现的那样流逝。

引力波

关于广义相对论，我们只剩下了一个谜团,那就是为什么一个地方发生的事件会影响另一个地方的事件。更具体地说，我们知道星体的质量造成了时空的弯曲，而星体永远都是运动的，无论是在轨道上运行，还是爆炸，或者是其他情况。就如同橡皮膜上的玻璃球绕着中心的大玻璃球旋转一样，即使是距离橡皮膜中心很远的地方产生的运动，也会导致整个橡皮膜的形状变化。某一个位置的时空弯曲，一定会影响另一个位置的时空弯曲，这是如何发生的呢?

当爱因斯坦研究这个问题的时候，他发现一个地方的时空弯曲会像池塘上的涟漪一样向外传播。例如，一颗恒星的坍塌或者爆炸所带来的效果就像是把一块石头扔到了池塘里。两颗质量较大的恒星紧密而高速地绕着对方相互旋转，可以在太空里产生相当大的时空弯曲，就像那些水中转动的叶片产生的波纹，爱因斯坦把这些波纹称之为引力波。

据预测，引力波和光波的性质相似，也就是说它们没有质量，以光速传播。就像光波可以改变经过它的带电粒子（如电子）的运动状态一样。由引力波引起的时空弯曲可以使经过的任何质量的物体发生压缩或者膨胀。我们本来可以通过观察这种类型的压缩或者膨胀，来探测引力波；但是，现在有一个问题，引力波携带的能量比光波携带的能量要少，这就意味着我们需要更精确的测量仪器来检测引力波对地球上物体的影响。

截至2013年，尽管有几个重大的研究工作仍在进行中，但还是没有人能够成功地对引力波进行精确探测。其中著名的激光干涉引力波观测器（LIGO）由路易丝·安娜探测仪和华盛顿州的大型探测器组成，这些探测器串联起来可以搜索引力波的信号。美国航天局和欧洲航天局制定了建立天基引力波天文台［被称为激光干涉仪空间天线（LISA）］的初步计划，然而因为预算的限制，该天文台可能也要在2025年以后才能建成发射。[①]

考虑到引力波是广义相对论的一个重要的预测，我们是否应该因为它们还没有被观测到而担心呢？大多数科学家并不这么认为，虽然我们缺乏关于引力波的直接探测，但我们有很多间接证据证明了引力波的存在。这一证据来自“双脉冲星”，它与其他双星系统（两颗相互环绕的恒星）非常相似，只是这两颗恒星都是质量高度压缩的中子星。中子星的密度惊人，它们通常比太阳的质量大得多，但直径只有20千米（对比下，太阳的直径大约是140万千米）。它们的体积小，使得它们能够比普通恒星更紧密、更

①2016年2月11日，美国科学家宣布人类有史以来在地面第一次直接探测到引波。LISA是从空间探测引力波。和地面探测相比，太空探测的波源普遍来说是特征尺度非常大的系统，比如百万倍太阳质量的超大黑洞系统，或者恒星量级的黑洞在距离很远的时候等。地面引力波探测与空间引力波探测，实质上是一个互为补充的关系，两者结合在一起可实现更加宽广波段的引力波探测与研究。

快速地围绕着彼此运行，根据广义相对论预测，双脉冲星系统应该是以引力波的形式来释放大量能量。引力波的释放，意味着整个双星系统在逐渐地损失能量，而能量的损失会导致两颗中子星的轨道发生衰变。

1974 年，"双脉冲星系统"首先被拉塞尔·赫尔斯（Russell Hulse）和约瑟夫·泰勒（Joseph Taylor）发现。赫尔斯和泰勒仔细观察了这两颗中子星的运行轨道，发现轨道周期确实在变短，好像系统正在失去能量一样。此外，当我们假设能量的损失是由引力波引起的，还发现轨道周期确实正在以预测的速率在减小。这些发现强有力地证明了引力波确实存在，因此拉塞尔·赫尔斯和约瑟夫·泰勒在 1993 年获得了诺贝尔奖。对双脉冲星系统的持续观察，进一步地证明了广义相对论的预测，天文学家后来也发现了可以验证引力波存在的类似系统。

牛顿是错误的吗？

我们已经接触到一些重要的案例，在这些案例中爱因斯坦的广义相对论做出了和牛顿旧理论不同的预测。在每种情况下，所有的观测都证明了爱因斯坦的理论是正确的。鉴于这个事实，值得问一句：爱因斯坦理论的成功是否意味着牛顿理论的错误呢？

在某种程度上说，这个问题的答案取决于你如何定义"错误"这个概念，但这个问题对科学本质提出了重要见解。对于爱因斯坦理论和牛顿理论给出不同答案的所有情况，所对应的观测已经清楚地证明了牛顿理论给出的答案是错误的。但请记住在大多数情况下，这两种理论给出的答案都没有多大的差别。这就是为什么天文学家仍然使用牛顿引力理论来计算行星绕着恒星运行的轨道，恒星绕着星系中心运行的轨道，以及星系之间互相运行的轨道。这也是为什么在著名的阿波罗 13 号宇宙飞船发生事故后的自救任务中（同名电影《阿波罗13号》中有记载），宇航员吉姆·洛威尔（Jim Lovell）说道，“当关掉所有的引擎之后，我们只是把艾萨克·牛顿爵士放在了驾驶座上”。对于我们遇到的绝大多数情况，牛顿的引力理论和爱因斯坦的广义相对论非常相似。

从这个角度来看，一个理论的正确与否，需要经过严格的可测试性验证。当“理论”一词被恰当地使用时，它指的是经过了严格的检验和验证的思想。但是，仅仅因为一个理论已经通过了迄今为止的所有验证，并不一定意味着它会通过未来的检验。想起一句古话：“世事有起终有落”。如果我们把这句话当作是地球运动理论的一部分，它将是一个不错的理论。不信你尝试一下，你在用尽全力扔出去一个物体之后，这个物体永远都不可能不掉下来。然而一旦牛顿发展壮大了他的引力理论，我们就会清楚旧的理论是不完善的。它适用于普通的抛掷物体，如果你能发射一个物体，使其可以达到逃逸速度，牛顿理论就彻底崩溃了。但同样重要的是，牛顿理论给了我们关于物体上下运动的新见解，牛顿理论不再局限于地球上抛掷的物体，而是扩展到了太空中物体的运动。同样地，爱因斯坦理论的出现，并不会使适用于牛顿理论的很多情况变为无效。它只是告诉我们，在某些情况下，牛顿理论是有局限的，并提出了新的引力概念，消除了连牛顿自己都认为荒谬的“超距作用”的想法。但爱因斯坦的理论可能也不完善，事实上，正如我们在第7章中讨论过，如果我们把它应用到黑洞中心的研究中，它就不再适用了。对于科学家来说，这样的失败是令人兴奋的，这可以促使我们继续探索新的理论，更加深入地洞察大自然的奥秘。但是如果我们找到了更好的理论，那些支撑爱因斯坦理论的大量证据是依然存在的。这就给任何替代理论设立了一个很大的限制，对于广义相对论适用的所有情况，新的替代理论必须给出与爱因斯坦理论相同的答卷。

总结一下，我们关于牛顿力学的疑问——“牛顿的理论是错误的吗？”

答案是“不是”。牛顿给了我们一个强大的力学理论。在他的那个年代，他已经被给予了尽可能多的试验和观察，这都证明了他的理论是“正确的”。科学就像一个伟大的建筑，一次只能加盖一块砖。只要我们认认真真地砌砖，我们就能够建造得更宏伟高大，而且不需要拆除那些已盖好的砖头。我们可以引用艾萨克·牛顿爵士（Sir Isaac Newton）本人的话做一个优雅的比喻，“如果我看得比别人远，那是因为我站在巨人的肩膀上。”通过广义相对论，爱因斯坦也加入了牛顿和其他巨人的行列，总有一天，其他人也会站在他的肩膀上。

第四部分

相对论的应用

第7章 黑洞

在前面几章中，我们讨论了在你前往黑洞的旅程中所经历的许多现象背后的原因。我们已经知道为什么你在旅途中经历的时间要比在地球上人们的时间过得要慢。我们已经知道，在与任何物体保持一定距离的情况下，其周围的时空结构仅取决于其质量大小，这就是为什么你可以在一定的距离内环绕黑洞飞行，就像你绕恒星旋转一样，而不用担心被吸进去。我们还发现了，当你的时钟掉入黑洞中，你所观察到的时间变慢和引力红移，是爱因斯坦理论核心的简单思想所预期的结果。这些核心理论包括：所有的运动都是相对的，光速是绝对的，引力的作用与加速度的作用是等效的。

我们还没解决黑洞到底是什么的问题，以及你的同事在穿越事件视界时，他会遇到什么？现在就让我们来回答这些问题，并完成你在第1章中的旅行故事。

宇宙中的洞

回顾一下图6.3，该图展示了一个用橡皮膜类比行星绕太阳公转的太阳系宇宙模型。想象一下，如果太阳以某种方式使其体积大幅度压缩，而不改变其总质量，会发生什么？你可以想象一下画面，如果你在橡皮膜上放置一个重量相同但密度更大的物体，将会发生什么？例如，用一个重量达5千克重的铁球，来代替5千克重的保龄球。很明显，橡皮膜上所受重力越集中的位置，变形就越厉害。然而，如果你去看离球比较远的区域，橡皮膜的变形不会改变，因为总重量是不变的。

图7.1模拟了不同密度的星体对时空弯曲的影响。左图展示了太阳模型在橡皮膜上的情形。中间图展示了当太阳模型的体积被很大程度压缩后，橡皮膜是如何变化的。如果继续压缩太阳模型的体积，使其越来越致密，太阳模型将越来越紧地压在橡皮膜上，并导致橡皮膜在靠近太阳模型的局部区域发生较大的变形；在我们的类比之中，它所代表的时空弯曲程度也越来越高。如果你充分压缩太阳模型，使其密度足够大，它将会使太阳模型下方的橡皮膜持续向下变形，直到在这个橡皮膜上撑开一个洞。虽然这个类比在这里已经不适用了（同样，你也不能把橡皮膜的类比过于字面化），但总的想法依然适用于时空：当太阳被充分压缩，周围的时空会变得极其弯曲，以至于它会在可观测宇宙中创造一个洞。对于黑洞这个名字现在应该说得通了：它是黑色的，因为连光都无法从中逃逸出来，而且它是一个洞，从这个意义上来说，落入它里面的物体，我们用任何能想象到的技术都无法再观察到这些物体。

图7.1　在不改变质量的情况下，不断压缩太阳体积，会使太阳模型周围的时空弯曲变形越厉害。如果太阳被压缩得足够致密，它会在可观测宇宙中创造一个洞——一个黑洞。

事件视界

黑洞既有内部，又有外部，你可以回想一下在第1章中所描述的场景来进行理解，你把一个时钟绑在火箭上丢入黑洞。当火箭刚脱离飞船时，火箭很容易阻止和扭转时钟的下落。当它接近黑洞的时候，时钟会感受到一股更强的引力——或者感受到更强的时空弯曲——需要火箭加大推力，才能阻止和扭转时钟的下落。最终，当时钟和火箭抵达一个“不归点”时，在这个点上，无论施加多大的外力也无法阻止它们继续下落，甚至连光也无法从中逃逸返回黑洞之外的宇宙。这个不归点就是我们在第1章中讨论过的事件视界。[①]它之所以得名，是因为发生在它内部的事件，既不能从外部的宇宙中被看到，也不能对外部宇宙产生影响。

请注意，你可能常常听到关于事件视界的描述，即那里的引力变得非常大，以至于那里的逃逸速度达到了光速。但是，这种说法是不对的，因为它会让人们认为光束“几乎”可以逃离黑洞，就像速度低于逃逸速度的火箭“几乎”可以逃离地球的轨道一样。但与火箭有所不同的是，火箭起步时加速上升，然后逐步减小，之后再返回地球，而光必须始终以光速传播。因此，把它类比为一条末端是瀑布的河流，空间自身会流向黑洞更好一些。[②]（这个流动空间的概念听起来可能很奇怪，但事实证明它是对黑洞附近的时空行为的精确数学描述。）在远离黑洞的地方，宇宙空间像河流一

---

①在这里，我们假设一个不可旋转的黑洞；旋转的黑洞具有更复杂的时空几何结构，它在事件视界附近引入了一些附加的效应（实际上，它分为内视界和外视界），但它们并没有改变我们讨论中的思想。

②这个类比是由科罗拉多大学教授安德鲁·汉密尔顿（Andrew Hamilton）提出的，在天文馆以及电影《黑洞：无限的另一面》中得到了充分的描述（汉密尔顿是这部电影的科学指导），它也在汉密尔顿的“黑洞内部”的网站上有所描述。

样缓慢地流入黑洞，它的流动速度很慢，以至于你很难觉察到它的流动。然而，当你接近视界时，河流流速就会变得湍急，如同越来越难抵挡的激流。事件视界本身就如同一个瀑布，从某种意义上来说，当流动的空间抵达“瀑布上空的悬崖边”时，它们掉入黑洞的速度是如此之快，甚至于一个以光速航行的桨手仍然会被带着越过悬崖边。这个类比让我们回到了之前关于黑洞和“吞噬”的讨论。在距离黑洞很远的地方，没有明显的空间流动，这里的运行轨道可以用牛顿的万有引力计算出来。显然，在这里黑洞不会把你“吞噬”进去。然而，当你离黑洞很近的时候，空间的流动最终会变得如此强烈，以至于你会觉得自己好像被“吞噬”进去了。然而，黑洞并不比瀑布底部的水池更能把你吸进去。当你抵达瀑布上方的悬崖边时，周围湍急的河流会把你拖入瀑布深处的水池里。同样的道理，黑洞周围急速流动的空间会将处于事件视界的你拖进黑洞中，根本不是真空吸尘器在吸你。

另一种了解视界的方法是应用我们所学到的广义相对论中的时间膨胀和引力红移。我们之前已经提到过，引力越大，时间的流逝越慢，光的红移也越厉害。如果我们把这个观念发挥到极致，你可以想象一下，有个地方的引力非常强，至少从外部观察者的角度来看是这样，以至于时间会停止，光线会无限红移。尽管这个观念听起来很奇怪，但它描述了我们在黑洞的事件视界处观察到的情况。这就是为什么，如第1章所讲的那样，当你的时钟掉入黑洞的事件视界时，时钟发出的光线红移越来越厉害，直到从你的视线中消失，而当它消失时，你意识到钟面上的时间快停了。

现在我们来谈谈在第1章中还没有解释到的一个想法：你的那位急躁的同事驶向黑洞的最后命运。如果我们忽略潮汐力对他产生的致命影响，从他自己的角度来看，他会在很短的时间内，越过视界进入黑洞之中。这应该是可以说得通的。回想一下，当你乘坐的火箭形状的宇宙飞船在引力作用下加速穿越太空或者地面时（如图6.8），你观察到AI的时间变慢了，但他认为自己的时间很正常。当你的同事冲向黑洞时，这同样的想法只是变得更加极端。从处在轨道上的你的视角来看，他的时间变得越来越慢，直到时间在事件视界处停了下来，这就是为什么你永远不会看到他到达或穿过事件视界。然而，从他的视角来看，他自己的时间似乎总是正常运行，当他穿越视界时，他不会觉得有什么特别之处，他会继续迅速地向黑洞中心猛冲。

总而言之，事件视界本质上意味着黑洞内部和外部宇宙之间的边界，从外部来看，事件视界有三个关键特性：第一，这是一处无法再返回到外部宇宙的地方；第二，它是一个时间似乎停止的地方；第三，它是一个光无限红移的地方。但这不是一个物理边界。对于一个掉入黑洞的物体来说，事件视界仅仅只是一个地方，越过它之后，当这个物体朝着黑洞内等待它的命运前进时，它再也无法与外部宇宙接触了。

黑洞的特征

正如我们已经讨论过的，如果我们把太阳压缩到极致，原则上它可能会变成一个黑洞。那么，构成太阳的物质会变成什么呢？这些物质会消失在黑洞里面，因此不再是任何普通意义上的“物质”。本质上，之前的太阳会变成一个可以造成时空弯曲的无实体质量。

这就引出了一个问题，当你望向黑洞的时候，会看到什么？不要被我们的橡皮膜模型误导了——漏斗形的洞只是在二维平面上的类比，实际上，如果你距离黑洞足够近，你会看到一个三维的黑色空间，其大小由其事件视界来决定，其形状也是球形的[①]。原则上，你可以测量出事件视界的周长，并由此计算出一个圆的半径。这个半径称为史瓦西（Schwarzschild）半径，我们通常用其来描述黑洞的大小。而这个名字的来源是：它是由卡尔•史瓦西（Karl Schwarzschild）首先计算出来的，他在爱因斯坦发表广义相对论后的一个月内就推导出了黑洞半径的计算公式。很不幸的是，在不到一年后，史瓦西作为德国在第一次世界大战中的参战士兵患病去世。

黑洞的史瓦西半径仅仅取决于它的质量，公式也很简单，它大约是3千米×（黑洞质量/太阳质量）。例如：一个具有1倍太阳质量的黑洞（也就是说和太阳质量相同的黑洞），它的史瓦西半径约为3千米，一个具有10倍太阳质量的黑洞的史瓦西半径约为30千米，一个10亿倍太阳质量的黑洞的史瓦西半径大约为30亿千米。请记住，史瓦西半径可以用来描述事件视界的周长以及黑洞所占空间的体积。但实际上，你无法直接测量出史瓦西半径，原因是时空在视界内被极度地扭曲，因而，半径的概念没有多大意义。

黑洞本质是一个无实体的物体，这一观点意味着黑洞是非常简单的物体，至少我们从黑洞外部了解到的认知是这样认为的。例如，你面前有两个与太阳的质量相同的物体，一个是普通的恒星，一个是一颗巨大的钻石，如果两者都以某种方式坍塌形成了黑洞，你将再也无法辨别出它们两个之间的区别，因为它们两个都只是和太阳同等质量大小的黑洞。

实际上，除了质量之外，黑洞只能保留形成或者落入黑洞的物质的另外两种性质：电荷和自转速率。电荷在黑洞中不会起到多大的作用，因为黑洞可能产生的任何正电荷或者负电荷，在吸收周围星际气体中的带相反电荷的粒子时，都会很快被中和掉。而在事件视界附近，自转速率会产生

①黑洞只有在不旋转时才会是完美球体；一个旋转的黑洞会被拉伸成椭球状（类似橄榄球的形状）。还要注意的是，尽管黑洞的实际形状很简单，但你在黑洞周围看到的光线模式会非常复杂，因为黑洞的引力会使经过它附近的光线发生很大程度的弯曲。

很大的影响，因为我们预测大多数的黑洞都在高速旋转（这是黑洞形成方式的结果），所以研究黑洞的物理学家必须考虑到这些影响。但是，当你一旦远离事件视界附近，自转的影响就会很小，在本书中我们将不讨论它的影响。

太离奇了，不可能是真的

尽管在1916年史瓦西发明了著名的半径公式，但在那之后的几十年内，大多数天文学家仍在怀疑黑洞是否真的存在[①]。主要的原因是黑洞这个概念似乎太离奇了而不可能是真的。第二个原因是虽然计算出史瓦西半径很容易，但是天文学家不知道有什么方法，可以让一个真实物体可以被如此高度压缩。

为了理解这个概念，我们必须更加深入地研究史瓦西半径。尽管现在我们常常将其与实际的（或疑似）黑洞大小关联，但实际上它只是一个数字，它告诉我们物体要压缩到多大程度才可以使其变成黑洞。例如，当我们说太阳的史瓦西半径是3千米，我们真正的意思是为了使太阳变成一个黑洞，我们要对其压缩，把它700 000千米的半径压缩到仅有3千米。在这个时候，太阳会消失在它自己的事件视界中。事实上，你可以计算任何质量的史瓦西半径。地球的质量是太阳质量的1 / 300 000，（地球的史瓦西半径为1厘米，即3千米×1 / 300 000，）这意味着如果我们将地球压缩成弹珠大小，地球也会变成一个黑洞。即使你也有一个史瓦西半径，它会比原子核的一百亿分之一还要小。换句话说，如果将你压缩到这么小的尺寸，你将

①黑洞一词实际上直到1967年才被使用，当时它是由约翰·阿奇博尔德·惠勒（John Archibald Wheeler）首创的。在此之前，科学家们使用了各种其他术语（如“坍缩”或“暗星”）来描述同一观点。

从宇宙中消失，变成小黑洞。

因此，黑洞是否存在的关键问题是自然界中是否存在一种力量，可以把物质的尺寸压缩到比史瓦西半径更小的尺寸。物理学家苏布拉马尼扬·钱德拉塞卡（Subrahmanyan Chandrasekhar）（美国宇航局钱德拉X射线天文台就是以他的名字命名的）于1931年进行了计算，然后得出了在某些情况下可能出现这种情况的一条重要线索。在那时，天文学家已经认识到许多白矮星的存在，它们的质量与太阳相似，体积可以压缩到比地球的体积还小。这些高密度的白矮星——如果你把一茶匙的白矮星物质带到地球上，你会发现它的质量比一辆小卡车的质量还要大——已经让天文学家们感到惊讶，但是钱德拉塞卡的计算表明，还可能存在密度更大的物体。特别是，他发现白矮星可能存在一个最大质量。后来，他对之前的计算方法进行了改进，计算表明白矮星的质量极限约为太阳质量的1.4倍（也被称为钱德拉塞卡极限），这也意味着如果有一颗白矮星的质量超过了这个极限，它就不能在自身重力的作用下支撑自己，因此它会进一步坍缩。

在钱德拉塞卡发表了他的研究成果后的几年里，其他几位科学家各自独立地研究了当白矮星的质量超过了钱德拉塞卡极限时可能会发生的现象。他们发现这样的白矮星会坍缩，直到组成原子的电子和质子结合成一个中子，形成我们所说的中子星。大多数天文学家认为中子星的存在太离奇了，不可能是真的，但至少有两位科学家（特别是弗里茨·兹维克（Fritz Zwicky）和沃尔特·巴德（Walter Baade））认为它们可能是超新星爆炸的副产品——一种大质量恒星走到生命的尽头而发生的巨大的爆炸——这个想法后来被证明是正确的。（回忆一下第6章，我们发现由两个中子星可以组成双星系统，并且这些双星系统发生的轨道衰变为引力波的存在提供了强有力的证明。）

也许你会好奇为什么中子星的存在看起来如此离奇。要知道，一颗典型的中子星，质量远远大于太阳的质量，史瓦西半径却只有10千米。你可以用如下的例子来表明它具有令人难以置信的高密度——一茶匙的中子星物质比地球上的一座高山的质量还要大——要想了解中子星惊人的引力，还有一种更好的办法。想象一下，如果一颗中子星神奇地出现在地球上会发生什么。因为它的体积相对很小，一颗中子星很容易被放到许多大城市的边界。但它不会只是待在那里，相反，因为中子星的质量是整个地球质量的几十万倍，地球将“落”在中子星的表面，在这个过程中地球密度被压缩到与中子星密度相同。当尘埃落定的时候，之前的地球被挤压成了球壳，厚度不超过你的拇指的厚度，包覆在中子星的表面。

回到我们的主题，尽管很少有科学家认为中子星是真实存在的，但这并不妨碍我们计算它们的属性。1938年，曼哈顿计划的领导者罗伯特·奥本海默（Robert Oppenheimer）（在第二次世界大战时期，制造了第一枚原子弹），决定研究中子星是否拥有可能的最大质量。他和同事们很快发现答案是肯定的。他们发现如果一颗中子星的质量仅比几个太阳质量大一点，那么中子星产生的内压力也无法抵抗引力的挤压。因为没有已知的力能提供更大的压力，奥本海默推测引力会把物质挤压成黑洞。

正如科学中的每一个理论一样，中子星或者黑洞是否存在也需要大量的实验证明。第一个关键的证据来自于对白矮星的研究，在接下来的几十年内，天文学家发现了更多的白矮星，其中没有一颗白矮星的质量超过了钱德拉塞卡所计算出的极限，这表明他的极限是对的。由于许多恒星的质量比1.4倍太阳质量（钱德拉塞卡极限）还要大，一些恒星最终可能坍缩成中子星的想法开始受到重视。

在1967年出现了一个很关键的时刻，一名英国的研究生乔丝琳·贝尔（Jocelyn Bell）发现了第一颗脉冲星——一个以惊人的规律脉动，不断发射无线电波的天体。她发现的第一颗脉冲星每1.3秒向外发射一次电磁脉冲信号。这个脉冲周期比任何人造时钟都要精准。在它被称为脉冲星之前，一些科学家半开玩笑地用“LGM”称呼它们，意思是“小绿人”。还不到一年的时间，天文学家已经搞清楚到底发生了什么。天文学家进一步探索发现脉冲星位于超新星遗迹的中心，也就是在超新星阶段恒星爆炸留下的残骸中心。把两者结合起来后，天文学家们意识到脉冲星是快速旋转的中子星。产生这种脉动的原因是中子星有很强的磁场，导致产生了沿其磁轴的电子束辐射。如果磁轴相对于中子星自转轴倾斜（就像地球，磁场南北极与地理南北极的偏移量达数百千米），电子束会随着中子星的每次旋转而四处扫荡，就类似于灯塔发出的旋转的光束。如果倾斜的轴恰好被定向，使得其中一束电子束扫过地球，那么当中子星每次旋转时，我们就会观察到它发射的一个电磁脉冲信号。快速的旋转速率也证实了中子星的小尺寸和难以置信的密度。我们知道这些物体不可能比中子星的预期尺寸大得多，因为在如此快的转速下，一个更大的半径意味着表面的运动速度比光速还要快。我们知道物体的密度一定和我们预期的中子星的密度一样大，因为如果它们的密度更小，那么它们的引力就会太弱，无法阻止它们在高速旋转的情况下分裂。

面对着有关“太离奇了，不可能是真的”的中子星确实存在的明确证据，天文学家们对黑洞也可能存在的态度变得更加开放。没过多久，相关证据就开始表明情况确实如此。

黑洞的起源

如果你要寻找黑洞存在的证据，需要有以下两个步骤。首先，你需要找到一个密度极高的物体，而且超过中子星质量的极限。其次，你要证明这个物体确实是一个黑洞，而不是其他奇怪的物质形态，比如比中子星还致密的其他星体。第一步可以通过观察而得到，第二步需要了解黑洞到底是如何形成的。

了解黑洞形成的关键在于认识到所有天体都处于一种永恒的斗争中，一种是自身引力使它们不断变小，另一种是内部所产生的压力使其抵抗引力的挤压。

让我们拿地球来作比喻，引力使地球凝聚在一起，并让它变成了一个球体。但是，如果你对此进行更深入的思考，你可能会产生这样的疑问：为什么引力会停在它该停的地方？换句话说，为什么引力没有将地球压缩成更高密度的球体，比如一直压缩直到形成黑洞？答案是，地球是由原子组成的，当地球因引力而受到压缩时，这些原子之间的相互作用力（由构成原子的带电粒子之间的电磁力产生）会变得更强。地球之所以是现在这个大小，是因为在这个大小上，地球引力与抵抗引力的原子间力达到了自然平衡。

对于其他行星也是一样的，也适用于卫星、小行星和彗星。它们的体积大小总是由向内压缩的引力和向外抵抗压缩的内压力二者相互平衡而决定的，而内压力是由于原子倾向于抵抗被挤在一起而产生的。这样的结果有时候令人感到惊讶，尤其是当我们考虑主要由氢和氦构成的行星时，它们往往比岩石和金属更容易被压缩。比如木星的质量大约是土星质量的三倍，但这两颗行星的大小几乎相同。原因是，如果你向土星增加更多的氢和氦，它的引力的增加会将它压缩到更高的密度，因此它的质量会增加，而尺寸变化很小。

这就给我们带来了下一个更深层次的问题：既然恒星的组成成分几乎与木星、土星等行星的成分相同，几乎全部由氢和氦组成。那么，是什么让木星成为行星，而让太阳成为恒星呢？为了回答这个问题，我们需要考虑一下，如果我们给像木星这样的行星，不断地增加质量，会发生什么？

我们增加的质量越多，引力就越大，这种更强的引力就会不断压缩物体核心，让其密度和温度都更高。最终行星的核心将变得如此炽热和致密，以至于组成该星体的氢原子核会彼此碰撞，强度足以熔合在一起，这是使恒星发光的核聚变反应。回顾一下，氢核聚变将氢转变为氦气，并产生能量，产生的能量大小遵循质能方程式$E = mc^2$，因为氦核的质量比聚变成它们的氦核的总质量要略轻。总而言之，类似于木星之类的行星和恒星之间的所有差异都可以追溯到质量方面。如果质量足够大[①]，由氢和氦构成的任何星体都会不可避免地变成恒星。

恒星和行星的大小取决于引力和内部的压力的平衡。然而，对于恒星来说，它的大部分内压力来自于核聚变产生的能量流。也就是说，核聚变产生的能量使恒星内部的气体粒子保持高速运动，这些粒子之间的不断碰撞，产生了可以让恒星抵抗外部引力挤压的压力。（额外的压力是由恒星内携带能量的光子提供，这种辐射压力在高质量的恒星中起着特别的作用。）

恒星必须面对的基本问题是，核聚变不能永远持续地产生能量，随着恒星生命的发展，它逐渐将内部越来越多的氢转化为氦，这意味着氢气最终将耗尽。氢气耗尽全部转化为氦气的时间取决于恒星的质量。尽管这似乎有悖常理，但高质量的恒星比低质量的恒星寿命要短，原因是恒星的核心发生核聚变的速率对温度非常敏感。相对较小的温度的升高会导致核聚变速率的大幅增加。更大质量恒星增加的引力挤压会使它们的核心变得更热，其核聚变反应程度更高，这就解释了为什么大质量恒星要比小质量恒星的光芒亮得多。事实上，高质量的恒星以如此高的速率奢侈地燃烧着它们的氢气，仅仅在短短的几百万年就可以将它们全部耗尽。相比之下，像太阳这样质量较低的恒星，在核心氢耗尽之前，可以稳定地照射100亿年，

①形成一颗恒星所需的最小质量约为太阳质量的8%，相当于木星质量的80倍。如果质量小于这个值，那么引力就不足以将核心压缩到维持持续的核聚变所需的温度和密度。

质量低于太阳的恒星寿命甚至更长。

无论何时发生，氢聚变的结束意味着抵抗恒星中心引力向内挤压的内压力已经走向了尽头。因此，主要由氦组成的核心必然开始收缩[①]。这将进一步提高恒星核心的温度和密度，在某个时刻，它将变得如此炽热和致密，此时它的氦核开始发生核聚变反应。氦核聚变反应的基本的过程是将三个氦–4核融合为一个碳–12核，因而恒星核心现在逐步由氦元素转变为碳元素。（元素名称后的数字是原子质量，是由每个原子核中的质子数和中子数构成，氦–4原子核是由2个质子和2个中子构成，而碳–12原子核由6个中子和6个质子构成。）就像氢核聚变一样，氦核聚变反应也产生能量；因此，它给恒星提供了一个新的内部压力源，可以阻止引力收缩。但要知道缓刑只是暂时的，因为氦气必然会耗尽，当氦气耗尽的时候，无情的引力向内挤压会再次导致核心开始收缩。通常情况下，恒星熔化氦气的时间是熔化氢气的时间的10%。

接下来会发生什么，取决于恒星的质量。对于像我们的太阳这样质量相对较小的恒星，主要由碳组成的核心基本上就到了核聚变反应那条线的末端。在核心变得足够热，足以使碳发生核聚变反应之前，它的收缩也会将因一种压力而停止，而这种压力与通过核聚变产生的能量来作为恒星的内压力的形式非常不同。这种形式的压力称为电子简并压力，当核心达到白矮星的密度时，它就成为主要的压力源。

在我们关于黑洞的故事中，电子简并压力的性质有些无关紧要，所以在本书中，我不会花太多时间来讨论它，然而对于那些对化学有所了解的人来说，电子简并压力是一种压力形式，其产生的原因基本是相同的，即

①研究过天文学的读者会知道，当核心收缩时，恒星的外层开始膨胀，最终将恒星变为红巨星。这种膨胀的原因是，尽管氢已经在核心耗尽（现在主要由氦组成），但大量的氢仍然存在核心之外。核心和周围层的收缩使温度急剧升高，氢聚变反应向氦核周围的一个壳层推进，而这个氢聚变反应以如此高的速率进行（由于高温），它导致了恒星外层的膨胀。

在一个原子中的两个电子不能共享相同的能级（在技术术语中，用不相容原理来描述）。换句话说，电子的相同属性解释了我们在化学课上学到的元素周期表中元素的排列顺序，也解释了在坍缩的恒星核中，由于电子被迫紧密地结合在一起而产生的压力。

电子简并压力解释了低质量恒星的命运。在恒星因电子简并压力而停止收缩的同时，其恒星外层会坠入太空，在几千年的时间里，这些外层将被视为恒星周围不断扩散的气体外壳，我们称之为行星状星云（图7.2），尽管这些星云与行星无关。这种外壳脱落使恒星核心暴露出来，且由于电子简并压力阻止了达到白矮星密度的核心继续发生坍缩，在这点上来说，恒星核心本质上是一颗白矮星。换句话说，白矮星是低质量恒星的“死亡”残骸，由于受到持续的电子简并压力的支撑，它们不会进一步坍缩。我们现在可以解释，为什么白矮星的质量从未超过由钱德拉塞卡计算的1.4倍的太阳质量的极限。请记住，恒星的质量越大，试图挤压恒星核心的引力就越强，钱德拉塞卡的计算表明，如果核心的质量超过太阳质量的1.4倍，它自身的引力如此之强大，以至于电子简并压力无法抵抗恒星引力引起的坍缩。

从某种意义上来说，白矮星代表着内压力和引力之间的永久休战，但这样的休战只能是在低质量恒星中出现，我们现在需要转向另一个问题，高质量的恒星会发生什么？

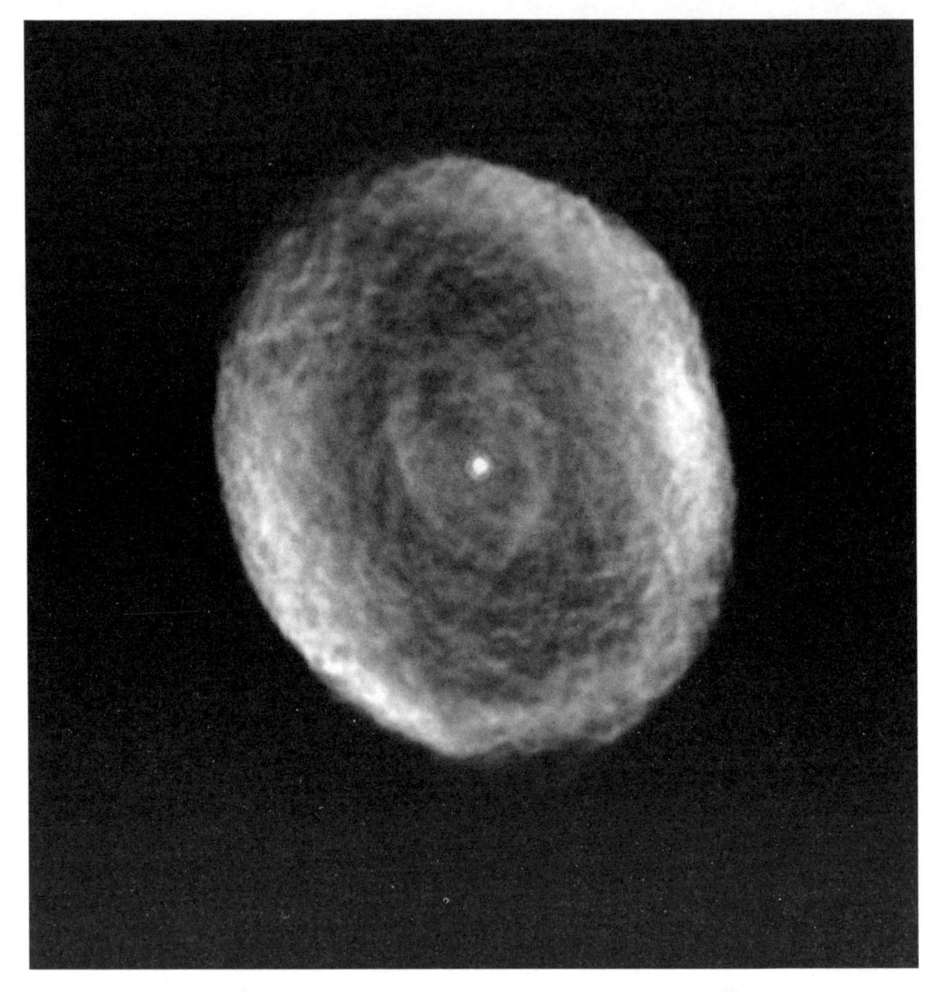

图7.2　哈勃太空望远镜拍摄的螺旋状星云的影像，这是一个行星状星云的例子，它是由一颗垂死的低质量恒星喷射出的膨胀的气体壳形成的。剩下的恒星核心，在星云的中心可见，是一颗白矮星，这个天体中的引力所引起的挤压被电子简并压力所阻止。图由NASA /哈勃太空望远镜科学研究所提供。

对于质量较大的恒星来说，当核心内部坍缩时，密度和温度最终会急剧增加，足以触发碳聚变反应，为恒星提供另一次暂时缓和引力导致的坍缩的机会。碳聚变的主要产物是氧（因为该过程通常需要将氦-4和碳-12聚变，从而产生氧-16）。随着碳的耗尽，氧的核聚变反应，变成了氖，然后氖开始核聚变反应，依次类推。在《星际迷航》电影中，一个被称作博格人的外星种族的著名口头禅可以用在这里，引力也许同样在说，“抵抗是徒劳的。”新一轮的核聚变比前几轮的核聚变持续的时间更短，总有一天发生核聚变的产物是铁元素；而这一天也将是恒星的最后一天。

问题是，恒星不能通过铁核聚变反应产生能量。事实上，铁在核聚变时会消耗能量，而不是释放能量。因此，当铁核开始坍缩时，会发生灾难性的内爆，在不到一秒钟的时间内，这种内爆会产生太多的引力势能，导致恒星的其余部分发生爆炸，我们称这种爆炸为超新星爆炸。超新星爆炸是你在众多天文学书中读到较多的一个非常壮观的事件。这里，我们重点关注的是内爆的核心会发生什么。

我们已经知道，核心的质量太大，电子简并压力不能阻止它的坍缩；而且电子简并压力是抵抗电子被挤压在一起的最后一道防线，因此最终电子别无选择，只能与质子结合形成中子。内爆核心实质上变成了一个中子球，这就是已经定义过的中子星。换句话说，中子星是由超新星构成，这解释了我们为什么常在超新星遗迹中观测到中子星，但这并不是超新星的唯一可能结果。

在中子星中阻止引力挤压的压力称为中子简并压力，它类似于电子简并压力，只是发生在中子中而不是电子中。正如我们先前讨论过的，奥本海默（Oppenheimer）和他的同事们发现中子简并压力阻止中子星引力引起的坍缩也是有极限的。现代计算表明，当核心的质量大约是太阳质量的3倍的时候，就达到了极限。如果中子星内爆核超过了这个极限后，会发生什么呢？

这种情况下，中子简并压力不足以阻止中子星引力导致的向内挤压坍缩，这就意味着内核依然会继续内爆。也许你会想是否存在某些类似黑洞这种令人难以置信的物质形态，它们所产生的另一种形式的压力进一步阻止中子星坍缩呢。但这种物质或者压力来源尚不清楚。此外，有两个主要的原因可以解释类似的物质或这样的压力来源并不存在。

第一个原因是一个简单的尺寸参数。要知道，一颗典型的中子星的半径只有大约10千米，而与3个太阳同等质量大小黑洞的史瓦西半径大约只有9千米［这大约是与太阳同等质量黑洞的史瓦西半径（3千米）的3倍］。这就意味着，中子星和黑洞之间的尺寸差距并不大，也就是如果中子星坍缩的程度更多一些，它将会消失在自己的视界中，变成一个黑洞。

第二个也是更令人信服的原因是，影响引力的还有另一个隐藏着的因素。回想一下公式$E=mc^2$告诉我们质量和能量是等效的，因而，从某种程度上说，能量和质量都是引力的来源。对于大多数物体，它们内部能量所产生的引力是可以忽略不计的，但在一个内爆恒星核的质量超过中子星极限的极端条件下，情况并非如此。在那里，与恒星坍缩有关的内能变得如此之大，以至于它自身产生了巨大的引力，这个额外的引力会启动正反馈循环；在这个循环中，核心持续的坍缩产生更多的能量，从而引力继续增大等等。据我们所知，没有什么能阻止这种正循环反馈；核心会无休止地坍缩下去，直到变成一个黑洞。

黑洞的质量

我们所讨论过的黑洞形成过程似乎暗示了所有黑洞的质量大约都是太阳质量的几倍到几十倍，因为这些质量是我们所预测坍塌的恒星核心超过中子星的极限质量。但是，如我们第1章讨论过的那样，第二大类黑洞是已知存在的：在星系中心发现的超大质量的黑洞。

科学家们不太确定这些超大质量的黑洞是如何形成的，但很容易想象它们可能的形成过程。比如，由于它们位于密集的星系中心，它们可能只是通过先合并在超新星中形成的许多黑洞而开始的。当这些黑洞的质量大到一定程度的时候，它们的潮汐力也足够大，足以将经过它们附近的恒星撕裂。来自这些碎裂恒星的气体在黑洞周围形成绕轨道运行的圆盘，而圆盘内气体的内部摩擦力会逐渐导致单个粒子的轨道衰变，直到它们掉入黑洞之中，进而增加了黑洞的质量。无论如何，不管精确的形成机制到底是怎样的，关于超大质量黑洞的存在都不足为奇。毕竟，如果引力强大到足以克服所有的压力源，甚至那些质量相当于太阳3倍的星体，它就一定能克服更大质量的物体的压力。

回到第1章，你们现在应该明白了，为什么我曾经讲过，据我们所知，所有的黑洞的质量至少是太阳质量的几倍。质量较低的物体的引力根本不足以抵抗来自各种形式的压力。不过，一些物理学家认为，在某种情况下，可能存在引力影响之外的星体坍缩过程，可以创造出质量更小的“迷你黑洞”，这种黑洞的质量相对来说比较小。

我们认为有两种普通类型的迷你黑洞。第一类是可能在大爆炸时期形成的小黑洞。它的基本思想是大爆炸产生的巨大能量可能产生了足以挤压物体使其形成黑洞的力，即使它们自身的引力不足以单独使其形成黑洞。如果这个猜想成立的话，宇宙一定充满了很多个质量相当于行星或者小型恒星的黑洞。科学家们已经对这种可能性进行了研究，他们试图模拟大爆炸早期的条件。尽管我们不能完全排除这种可能性，但大多数模型都表明，相对较小的质量物体（如果有的话）会变成黑洞。对这类黑洞进行观测研究（通过研究黑洞对它们的背景恒星造成的引力透镜效应），似乎证实了它们并不存在。

第二种类型的小黑洞，假设它们的尺寸要小得多，在亚原子尺度上发生的某种量子涨落。这些潜在的微型黑洞，因为媒体的报道而变得声名狼藉；报道中怀疑它们是欧洲的大型强子对撞机产生的，可能会继续毁坏我们的地球。实际上，一些物理学家确实提出了设想，这种微型黑洞可以在大型强子对撞机中产生。即使他们的设想是对的，也没什么可担心的。其原因是虽然大型强子对撞机可以产生出这种粒子，而这个过程比过往的任何人造机器需要消耗的能量更集中且更多，但自然界通常会产生这样的高能粒子。其中有些粒子偶尔会降落在地球上，如果它们是危险的，我们可能早就遭了殃。

如果你想知道微型黑洞是如何“安全”的，最有可能的答案与“霍金辐射”的过程有关，这个名字的由来是因为它是由著名的科学家斯蒂芬·霍金首先提出来的。其细节相当复杂，但从本质上讲，霍金表明，量子物理定律暗示着黑洞可以逐渐“蒸发”，即其质量在逐渐下降，即使没有任何东西从黑洞的事件视界中逃逸出来。黑洞的蒸发速率取决于黑洞的质量，质量越低的黑洞蒸发得越快。其结果是，虽然蒸发速率对于类恒星质量或者更大质量的黑洞来说可以忽略不计，而微型黑洞会在不到一秒的时间内蒸发掉，所以根本来不及造成任何损害。

黑洞的观测证据

现在我们了解了黑洞的形成过程，对黑洞的观测研究就变得简单了。我们只需要寻找那些质量非常大、密度极其致密而又不是中子星的星体。

正如我们第1章所讨论的，寻找此类对象的最简单方法是寻找强烈的X射线源。回想一下天鹅座X-1的情况，我们观察到的X射线，是来自围着双星系统中致密物体而旋转的高温气体（如图7.3）。从这些炽热气体绕致密物体旋转的速度来看，我们得到以下结论：这个星体必须是一个中子星，或者是一个黑洞。因为该星体的质量大大超出了中子星的质量极限（15倍的太阳质量，远大于3倍的太阳质量），我们进一步得出结论，天鹅座X-1包含一个黑洞。

对于银河系中心的超大质量的黑洞来说，这种情况更为明显。回想一下，其中一些黑洞的质量是太阳质量的数百万甚至是数十亿倍，却只占据着非常小的空间。它们的质量远远超过了中子星的极限，因此很难想象这些物体是黑洞之外的任何物体。

图7.3　这幅图展示了艺术家们对天鹅座X-1星系的构想。来自伴星的气体（右边），旋转着冲向黑洞，它的高温意味着它会发出强烈的X射线。我们可以确信，中心致密的物体是一个黑洞，因为它的质量太大而不可能是中子星。插图显示了该系统在天鹅座中的位置。图由乔·伯格龙（Joe Bergeron）所绘。

奇点与知识极限

如我们所见，有确凿的证据证明，宇宙中黑洞的存在是非常普遍而真实的。现在回到我们之前所提到的问题，黑洞里面藏着什么?

从科学的角度来看，这个问题很难回答。事件视界除了是黑洞内外部之间的边界，还标志着另一个很重要的界限。因为我们无法观察到事件视界内的一切，没有任何办法可以收集关于黑洞内部的观测或实验证据。黑洞里面的研究超出了科学领域及可观测宇宙的范围。

尽管如此，我们仍然可以用物理定律来预测黑洞内部会发生什么。我们应该知悉目前没有办法来验证这些预测是否正确，但它们仍然为我们提供了有趣的结果，可能会指向其他可以验证的想法[①]。大家做好这样的心理准备之后，我们来看一个即将形成黑洞的内爆恒星核。

因为没有什么可以阻止内爆核心的引力挤压，它将继续坍缩直到成为一个无限微小密集的点，我们称之为奇点，这似乎是合乎逻辑的结论。换句话说，所有变成黑洞的物体的原始质量都会被压缩到无限密集的奇点上，这里的时空变得无限弯曲。同样，从陷入到黑洞中的同事的角度来看他的命运，他会先迅速掉入奇点，然后被挤压成无限大的密度。

很遗憾的是，虽然从广义相对论的角度看无限密集的奇点概念是说得通的，但根据另一个非常成功的物理学理论发现，这却并不完全合理：量子力学的理论，它解释了原子和亚原子的本质。在不涉及太多细节的情况下，我们可以这样描述基本问题：量子力学包括著名的不确定原理，它告诉我们不能同时完全确定地知道物体的位置和这个物体的运动状态。量子力学从本质上告诉我们，奇点应该是时空发生混乱波动的点，与无限时空曲率点是不同的。

广义的相对论和量子力学对奇点的本质给出了不同的答案，这意味着

①这个想法和我们研究其他物体的方式没有太大的不同。例如，我们不能对地核或者太阳内部进行取样，但我们确信我们了解它们，因为我们可以计算出它们必须具备的属性，以便解释我们在它们外部所做的观察。

这两个答案不可能都是正确的。因此，我们遇到了当前科学知识的极限。如果你想了解奇点的话，这可能是个不幸的消息，但是从科学角度来说，这是非常令人兴奋的。从本质上讲，这种情况类似于以往科学家们所面对的情况：电磁方程式没有为光速提供一个参考系，或者水星的轨道不完全符合牛顿定律的预测。正如这些问题帮助爱因斯坦发现了他的狭义相对论和广义相对论，科学家们对奇点问题非常乐观，它可能将我们引向一个更好的自然理论，来取代广义相对论和量子力学，就像这些理论取代了我们早期的引力理论和原子理论一样。

超空间、虫洞和曲速引擎

我们无法观测到黑洞内部的事实，使黑洞成为了科幻小说的成熟领域。例如，在第1章中，我们简要讨论了黑洞可能提供从宇宙的一个地方到另一个地方的通道的想法。现在我们应该可以看到这个想法的来源在哪里。如果你把宇宙的一部分想象成弯曲的橡皮膜，将橡皮膜上的“深孔”看作黑洞。您可能会想象两个黑洞可以在超空间的某个地方连接起来，也就是说在我们普通的四维时空之外的地方。这就是虫洞的基本思想（图7.4所示），尽管用爱因斯坦方程进行的数学计算表明，它们实际上并没有连接两个黑洞。遗憾的是，虽然数学表明虫洞应该是确实存在的，但也表明虫洞是不稳定的，当你试图穿过虫洞时，它就会坍塌。

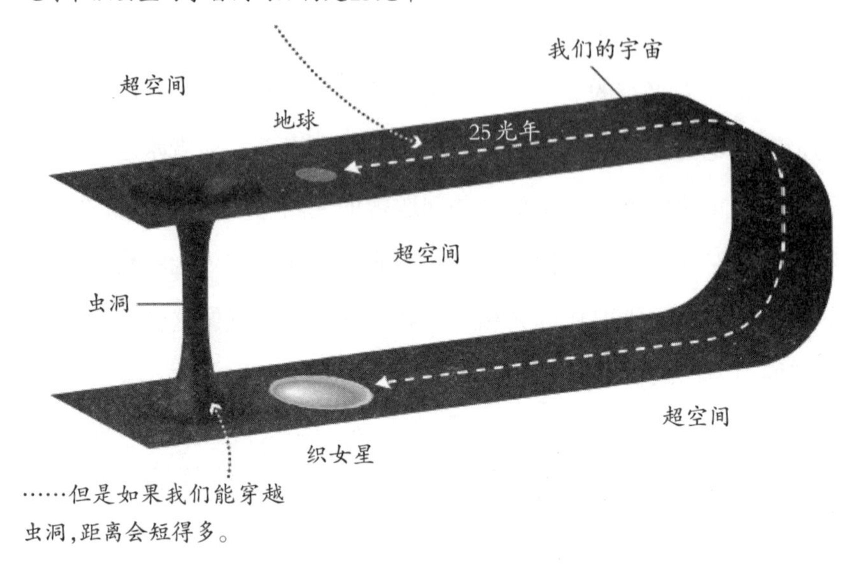

图7.4 这张图中的橡皮膜的表面代表了地球和织女星之间的空间，从地球到织女星之间的距离是25光年。但虫洞可能会提供一条更短的路径。本图改绘自基普·索恩(Kip Thorne)在《黑洞与时间扭曲：爱因斯坦骇人的遗产》一书中的插图（诺顿出版社，1994年）。

然而，一些物理学家（特别是加利福尼亚理工学院的基普·索恩（Kip Throne））已经研究了绕过不稳定性问题的可能方法，他设想有一种先进的文明可能会利用虫洞来创建星际隧道系统。到目前为止，这些解决方案都不大可行，但我们不能完全排除虫洞旅行存在的可能性。这就是为什么虫洞在科幻小说中如此受欢迎，也是为什么卡尔·萨根（Carl Sargen）在他出色的小说《接触》中写到了虫洞网络隧道，后来还拍出了同名电影。

为了使隧道穿越超空间的想法进行得更深入，你可能会看到其他的方式，在这里广义相对论似乎允许从宇宙的一个地方到另一个地方，进行比光速还快的旅行。例如，《星球大战》的电影作者们设想你可以跳入超空间中，成功地离开我们所在的宇宙，然后又跳回你想回到的地方。在《星际迷航》中，作家们创造了曲速引擎，可以通过扭曲或者折叠时空的方式，使遥远的点在超空间接触在一起，允许你在它们之间迅速地移动。请注意，这些想法都没有违反狭义相对论对超光速旅行的禁令。因为该禁令只适用于穿越普通空间的旅行。如果你离开宇宙穿越超空间时，那么这项禁令就不再起作用。

这些都是值得思考的有趣的想法，目前已知的物理定律并不能排除这些奇异的旅行方式，但是即使原则上这些都是可能的，我们可以想象，用这些方式进行实际的旅行超出了我们可以想到的任何技术。毕竟，现在还不清楚，你会怎么通过穿越超空间，跳进跳出我们的宇宙，且找到一种扭曲时空程度比引力自然扭曲时空程度更大的方式，这似乎是一个相当艰巨的工程挑战。此外，许多科学家对这些观点提出了另一种反对意见：由于在时空中时间和空间是交织在一起的，所有这些可能的旅行方式似乎都允许穿越时间和空间。众所周知的时空旅行悖论，假如穿越到过去，并阻止你的父母见面，使许多物理学家怀疑时间旅行的可能性。史蒂芬·霍金（Stephen Hawking）认为应该禁止时间旅行，对历史学家来说，这样的世界才是安全的。

但归根结底，无论是时间旅行，还是穿越超空间，我们都无法排除，就像我们可以排除在普通空间中超越光速的可能性。在我们不了解其他情况之前，科幻小说家们在虚构太空旅行技术时依然要小心翼翼，以免与已知的相对论和其他的自然规律发生冲突。

黑洞并不吞噬物体

现在我们已经从第1章开始的假想黑洞之旅到现在绕了一大圈。因此，

什么是相对论

当我们结束黑洞的讨论时，让我们先总结一下我们学到的主要知识：了解了黑洞是什么，它们又是如何影响周围的物体以及物体落入黑洞后会发生什么。

黑洞是什么：爱因斯坦的广义相对论告诉我们，引力是由时空弯曲引起的，而时空弯曲是由于质量而造成的。黑洞是有质量的物体被压缩到很小的尺寸，以至于它们最终在可观测的宇宙中创造出了一个洞，一旦物体掉入黑洞中，外面的宇宙就与它失去了一切联系。

黑洞是如何影响周围的物体的：黑洞的引力与具有相同质量的其他物体的引力没有什么不同，只有当你离黑洞很近时，你才能感受到它的极端影响——时空弯曲程度非常大。当离黑洞距离较远时，你将会绕着黑洞旋转，正如你绕着有质量的物体旋转一样，你不会被它吞噬进去。

那么，对于掉进黑洞的物体会发生什么：首先，物体很难偶然地掉入一个黑洞，因为黑洞的体积非常小，你需要近乎完美地瞄准才能从远处掉入其中。唯一容易自然落入黑洞的是在它附近的气体，这是因为旋转的气体会产生摩擦，导致气体粒子的轨道衰减，直到它们最终落入黑洞。如果你看到物体掉入了黑洞中，从外面可以看到当它接近事件视界时，你会察觉到它的时间停止了，与此同时，该物体发出的光线发生了无限红移，意味着它将从你的视线中消失。光线红移解释了为什么落入黑洞中的物体确实会相对迅速地从我们的视线中消失；然而，我们却永远看不到它越过视界。

总结结束，我想在本章的结尾处，谈下我的个人观察，黑洞告诉了我们科学的本质是什么。我常常听到非科学专业方面的人们争论说，科学在某种程度上是有局限性的，且科学家们如此质疑新观点，以至于对新观点持保守态度。黑洞的相关故事对此提供了强有力的反对意见。在爱因斯坦之前，如果任何人声称在宇宙中会有洞，而且在事件视界处时间会停止，光线无限度红移，这个人会被认为是个疯子。即使史瓦西用爱因斯坦的方程式证明了我们现在所称的“黑洞”的存在之后，几乎所有的科学家都认为它们太离奇了，不可能是真的。就在20世纪60年代，从对科学家进行的任何民意调查中都可能发现，他们中的大多数人都认为，某些未被发现的自然规律将确保这种离奇的物体不可能真的存在。直到今天，这种情况已经完全逆转了，你很难再找到任何一位物理学家或者天文学家怀疑黑洞在宇宙中存在的普遍性和真实性。

这种科学观的戏剧性变化，是科学本质以证据为基础的直接结果。无论这个观点最初看起来多么离奇，只要证明该观点的证据足够可靠，科学家最终会接受的。这就是为什么我个人最喜欢的科学的定义是它是一种通过证据来帮助我们达成共识的方式。无论出现了什么有争议的新观点——不管是地球绕着太阳公转，生命随着时间而进化，还是引力源于时空的观点——科学为我们提供了唯一方法，使我们能够对这个观点是正确的，还是注定要扔进历史的垃圾桶达成一致的看法。

第8章　膨胀的宇宙

爱因斯坦的理论听起来具有革命性而且也具有现代性，但是我们忘了他得出这样理论的那个年代，我们对于宇宙的了解还很有局限。例如，我们在第7章讨论过，因为广义相对论预测了黑洞的存在，但是直到几十年后，人们才相信宇宙黑洞是真的存在。同样，尽管质能方程式$E=mc^2$提出了恒星之所以发光本质上是因为其损失的部分质量转化成了能量，但是直到爱因斯坦在狭义相对论中首次提出这个方程的30多年后，人们才发现了核聚变机理。

也许，最令我们现代人感到惊讶的是，在爱因斯坦研究狭义相对论的那个年代，人们对宇宙的观念与现在相差很大。如今，小学生们可以告诉你，银河系就是我们生活的星系，它只是宇宙众多星系中的一种。但当广义相对论在1915年发表时，天文学家们仍在积极地争论是否存在独立星系①。许多人（或更多人）站在认为银河系代表整个宇宙的这一方。现在我们知道在可观测的宇宙中包含着1 000亿个星系，这意味着1915年的宇宙（以星系数量计算）被认为是我们现在所知的宇宙的一千亿分之一。

在这样的历史背景下，我们将进入这本书的最后一个主题：广义相对论提出的预测，在当时看起来如此令人难以置信，甚至爱因斯坦本人都很难相信它。正如我们将看到的，尽管爱因斯坦对自己的理论持怀疑态度是

---

①这个事实通常让人感到惊讶，因为今天我们可以很容易地用望远镜拍摄到其他星系。但是，当时的望远镜还不足够强大，无法观测更多的星系，只是一些模糊的光斑，因此，不清楚这些光斑是银河系中的气体云还是单独的恒星集合体。

一个错误，但他的确提出了一个很重要的方法来让我们更好地认识这个宇宙。

爱因斯坦最大的错误

在爱因斯坦发表了广义相对论之后不久，他开始致力于研究广义相对论的方程式，这时他意识到它们有一个相当令人费解的含义：因为宇宙中所有的物质都在通过引力吸引所有其他物质，他的方程表明宇宙不可能是稳定的。也就是，假设一个宇宙中所有的物体都待在自己的位置，他发现引力会把它们拉到一起，导致宇宙坍缩。从本质上讲，他的理论似乎预言到宇宙早就该坍缩成自己的黑洞了。

事后看来，我们可以看到至少有两种方法来调和广义相对论与宇宙至今仍未坍缩消失之间的矛盾。第一种方法，我们假设广义相对论是正确的，宇宙之所以不会坍缩消失是因为它正在膨胀。换句话说，假设我们生活在一个不断膨胀的宇宙中，而这个膨胀会抵消掉宇宙引力引起收缩的趋势。第二种调和理论和现实矛盾的方法，假设这个理论遗漏了什么——特别是，这个方程式缺少了一些项，而它们可以抵消引力对物体的整体吸引力。真是那样的话，我们可以尝试通过在方程式中加入一些新的项来“修正”广义相对论，从而表明宇宙是稳定的。

当然，爱因斯坦并没有从我们的后见之明（我们已知宇宙是不稳定的）中获益。此外，在原因尚未清楚的情况下，爱因斯坦相信宇宙应该是静止和永恒的，因此，只有第二种方法，对相对论的方程式进行修正，才可以让他满意。事实上，他在方程式中增加了一个修正因子，仅仅是为了抵消引力收缩，这样宇宙才符合他个人的设想。这个修正因子是方程式中的一个单项，爱因斯坦称之为宇宙常数。

什么是相对论

爱因斯坦在1917年发表了一篇论文，向全世界介绍了宇宙常数。即使在那个时候，他似乎也在为添加了这个宇宙常数而表示歉意，承认它没有任何基于证据的存在理由，并且它的存在使他的方程式原本的简单结构变得复杂。他也意识到，如果不是他对宇宙静止与永恒的观念如此坚持的话，他原本的方程式可能会很好。

爱因斯坦后来称他引入“宇宙常数”是他职业生涯中“最大的错误”，因为这样的评论对于我们来说是来自二手的［摘自于物理学家乔治·盖莫（George Gamow）的自传］，我们不知道为什么爱因斯坦要这么说，但我们可以做出合理的猜测。爱因斯坦有很多根深蒂固的信仰，但他也为自己致力于通过证据来证明科学理论的过程而感到骄傲。例如，在广义相对论中，他把其关键思想（等效原理），称为他一生中“最幸福的想法”，后来他的理论成功地解释了水星轨道的进动，这个时候，他认为这是他的科学生涯中的巅峰时刻。在爱因斯坦的职业生涯中，对于宇宙常数的引入似乎是很罕见的情况，他在没有确凿证据的情况下，调整了他的理论来符合他对宇宙先入为主的想法。在这种情况下，他认为自己提出的宇宙常数是他“最大的错误”，不仅仅是因为它阻止了他对宇宙膨胀的预测，还因为他允许自己偏离了对科学原理的忠诚。

发现宇宙膨胀

抛开爱因斯坦的宇宙常数不谈，我们只剩下了一个引人注目的事实：因为宇宙很显然没有坍缩，所以广义相对论实际上预测了宇宙正在膨胀。这个预言，在爱因斯坦发表了广义相对论10多年后，得到了埃德温·哈勃

(Edwin Hubble)的证实[1]。自那以来，宇宙膨胀已经被如此多的观测结果所证实，以至于现在把宇宙膨胀视为一个既定事实。

哈勃对宇宙膨胀的发现是他和其他人10多年来仔细观察到的成果。这样的观察主要由两个关键部分组成。首先，他确定了在银河系之外存在着其他星系。他能够做到是因为他能够有机会使用一个新的且功能强大的望远镜，通过这个望远镜他可以在相对较近的星系中，观察单独的恒星以及恒星团。这样做，他可以估测到星系的距离，而这距离竟如此之远，以至于每个人都认可星系在银河系之外。接下来，他开始对众多星系的距离进行估算，同时测量了这些星系朝向或远离地球的速度（通过探测光谱线的偏移实现）。他发现除了一些非常近的星系外，所有的其他星系都在远离我们，而且它们离我们越远，移动的速度也越快。

你可以通过观察，理解我们如何得出“我们生活在一个正在膨胀的宇宙”的结论，就像在烤箱中烘烤葡萄干蛋糕（如图8.1）。想象一下你在做葡萄干蛋糕时，仔细放置葡萄干的位置，使相邻的两个葡萄干之间的距离始终为1厘米。你把蛋糕放入烤箱，在接下来的一个小时内，葡萄干蛋糕会膨胀，直到相邻的葡萄干们之间的距离增加为3厘米。当你从外面看的时候，蛋糕尺寸的膨胀会非常明显；但是如果你住在蛋糕里面，就像我们住在宇宙里面，你会看到什么呢?

---

①比利时的牧师兼科学家乔治·勒梅特（Georges Lematre）发表了一篇关于宇宙膨胀的论文，比哈勃发表论文早了两年。一些历史学家认为，这个发现的功劳因此应该归功于勒梅特。然而，哈勃可能并不知道勒梅特的论文，因为这篇论文是用法语发表的，在哈勃太空望远镜研究所工作的马里奥·利维奥（Mario Livio）的调查表明勒梅特本人并不认为自己应该为这一发现获得荣誉。

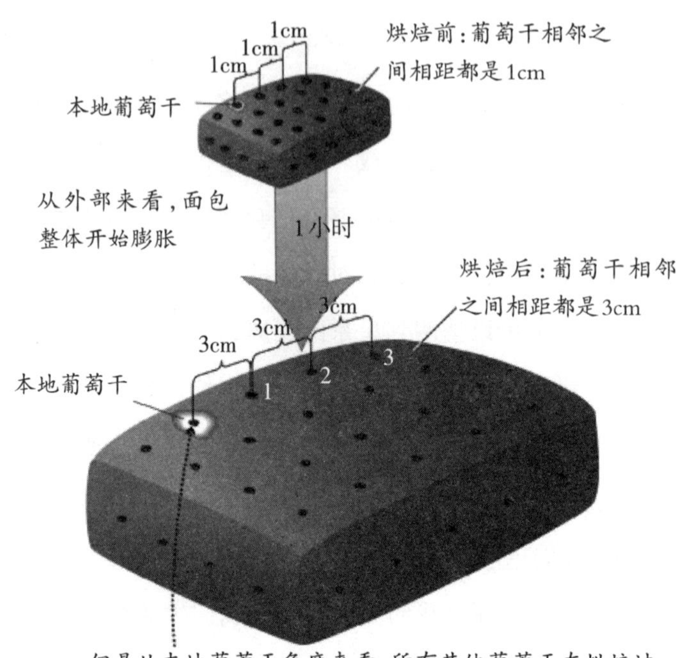

从本地葡萄干的角度，所看到的位置和距离

葡萄干编号	烘焙前的距离	烘焙后的距离（1小时后）	速度
1	1厘米	3厘米	2厘米/时
2	2厘米	6厘米	4厘米/时
3	3厘米	9厘米	6厘米/时
⋮	⋮	⋮	⋮

图8.1　如果你住在一个膨胀的葡萄干蛋糕里的一个葡萄干里，你会观察到所有其他的葡萄干都在远离你，且越远的葡萄干移动得越快。同样，我们观察到更遥远的星系以更快的速度远离我们，这个事实意味着我们生活在一个不断膨胀的宇宙之中。

要想回答这个问题，我们可以选择任意一颗葡萄干（选择哪一颗都没有关系），并将其标示为我们的“本地葡萄干”。图8.1显示了本地葡萄干的一个可能选择，附近的几颗葡萄干在烘烤前和烘烤后都被贴上了标签。附表总结了如果你住在本地葡萄干里，你会看到什么。请注意，例如，葡萄干1在烘焙前与本地葡萄干的距离是1厘米，在烘焙之后的距离是3厘米，这意味着在烘焙蛋糕的这1个小时内，它向远离本地葡萄干的方向移动了2厘米。因而，从本地葡萄干的位置看，它的移动速度是每小时2厘米。葡萄干2在烘焙前距离本地葡萄干2厘米，在烘焙之后的距离为6厘米。这就意味着，在这烘焙的1小时内，这个葡萄干向远离本地葡萄干的方向移动了4厘米，因此，它的速度是每小时4厘米，是葡萄干1运动速度的两倍。如左图表所示，继续这样的模式，因此你会看到所有的葡萄干都在远离你所在的本地葡萄干的位置，而距离本地葡萄干的位置越远，它们的移动速度越快。这正是哈勃观察到的星系，它让我们得出结论，即我们生活在一个膨胀的宇宙当中。

葡萄干蛋糕类比的主要问题在于蛋糕是一个三维物体，处于比较大的三维物体空间中。这就意味着当我们从外面观看蛋糕时，我们可以看到中心和边缘，扩展到预先存在的空间。根据广义相对论，宇宙的结构是由其质量决定的，这意味着我们不能单独地去思考宇宙的空间或时空。用更实际的话来说，这意味着宇宙既没有中心也没有边缘，并且也没有膨胀到预先存在的空间。相反，星系之间的现有空间在宇宙膨胀时基本被延展开来。

这一事实不可避免地会让人们产生疑问，宇宙是如何膨胀的，并且没有膨胀成某种东西。像往常一样，我们可以用二维类比来将这个问题可视化。在这种情况下，我们把宇宙想象成为一个膨胀气球的表面，就像地球的表面一样。气球的表面是二维的，因为它只有两个独立的方向（例如南北和东西）。因此，我们使用二维表面来表示空间的所有三维，这意味着在这个类比中，气球外部和气球内部的区域不是我们宇宙的一部分。

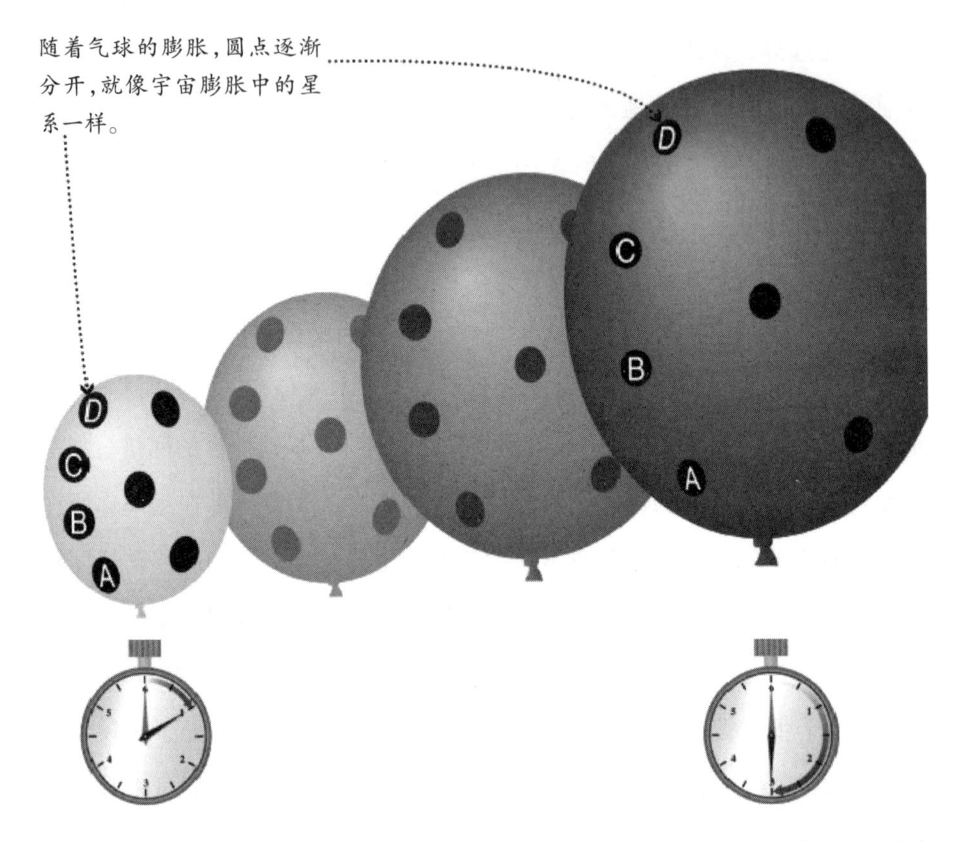

图8.2　膨胀气球的表面为我们提供了一个很好的二维类比，来比拟我们宇宙的膨胀。请注意，只有表面代表宇宙；在这个类比中，气球内外区域都不是宇宙的一部分。

图8.2展示了膨胀气球上的点，来代表星系。就像葡萄干蛋糕一样，你可以选择任意一点作为你所处的本地点，你会看到随着气球的膨胀，所有其他的点开始远离你的位置，离你的位置越远的点，移动的速率越快。然而这次，这个类比符合真实的宇宙的几个关键特征。就像地球的表面一样，气球的表面没有中心，也没有边缘。（当然在气球的内部有一个中心，但是气球的内部不属于表面部分；换句话说，就像纽约相比于其他城市不

再是地球表面的中心，气球表面上没有任何一点相比于其他点位置更居中。）另外，随着气球的膨胀，气球的表面开始扩大，但它并没有变成气球原有的一部分。更确切地说，随着气球的膨胀，只是表面本身在向外伸展，就和宇宙膨胀时空间向外伸展一样。

大爆炸

气球的类比也使我们得出了另一个预测。如果我们向后推算，随着时间的推移，气球的表面一定会越来越小。在某个时候，它会变得无穷小，而你再也找不到比这个表面还小的。我们推断气球的膨胀一定有一个起点，通过这个类比，我们预测宇宙的膨胀一定也有一个起点。换句话说，我们的宇宙正在膨胀这一事实，使我们预测宇宙一定是在过去的某一个特定的时刻诞生的，也就是膨胀开始的时刻，我们称这个时刻为大爆炸。参考宇宙的膨胀速度，我们可以向后倒推以估算宇宙大爆炸的时间。目前最好的估计是宇宙的年龄略低于140亿年。（更准确地说，据2013年欧洲航天局在普朗克任务中发布的数据显示，宇宙年龄约为138亿年。）

在继续讨论膨胀之前，我想先简要地讲一下关于大爆炸的两个关键问题。首先，正如我们的类比所显示的，大爆炸只是宇宙膨胀开始时的名字；并不是一种将物质送入到某个预先存在空间的爆炸，因为并不存在预存空间。其次，大爆炸的概念是根据观察宇宙在膨胀的事实所做出的合乎逻辑的预测，反过来又证实了广义相对论的预测，即宇宙不可能静止不动。尽管如此，就像科学中的任何发现一样，预测仍然是预测，除非有直接的证据来支持。以大爆炸为例，科学家们确实找到了大爆炸发生的强有力的证据。

简而言之，有三条主要的证据支持宇宙大爆炸的观点。首先，请记住，因为光在太空中穿越很远的距离需要时间，所以当我们看到距离很远的物体时，那是它们很久以前的样子。例如，当我们观察70亿光年远的星系时[①]，我们看到的是经过70亿年穿越太空到达我们这里的光，这就意味着，我们观察到的星系是70亿年前的星系。如果在大约140亿年以前真的发生了大爆炸，那么这样的星系大概只有我们星系年龄的一半。遥远的星系的确要比近处的星系的年龄要年轻一半，因而它支持了宇宙大爆炸的观点，这意味着宇宙的年龄是有限的。

大爆炸的第二个关键证据是来自于对宇宙微波背景的观测，这是指用专业望远镜观测到的来自太空各个方向的微波辐射。为了理解这个观测是如何支持大爆炸的，想一想当你压缩气体的时候，会发生什么：对气体的压缩会使空气变热。同样的道理，大爆炸的理论预测宇宙越年轻，温度越高，因为宇宙的任何一部分基本上都被压缩成较小的体积。发热的物体总是发出辐射，因而，年轻的宇宙应该到处都充满了强烈的光线。随着宇宙的膨胀和冷却，空间的延伸逐渐使这种光的波长延伸。20世纪40年代首次计算的结果表明，如果发生了大爆炸，现在的宇宙应该充满了整体温度比绝对零度高几度的辐射特性，这意味着它作为微波辐射可被检测。在20世纪60年代初首次探测到宇宙的微波背景，其温度比绝对零度高出3度左右，与大爆炸理论的预测一致。事实上，对大爆炸理论进行更详细的分析，可以预测出宇宙微波背景辐射光谱的精确特征，而观测结果也非常精确地符合这些预测。

第三条证据是来自观测到的宇宙整体的化学成分。宇宙大爆炸理论可

①在一个不断膨胀的宇宙中，远距离似乎是不确定的，因为今天遥远的星系与我们的距离一定比我们看到星系的光所开始向我们传播的当时位置要远。在这本书中，当我说到70亿光年这样的距离时，我真正的意思是一个星系所处的距离如此之远，以至于它发出的光需要70亿年才能抵达我们。为了避免这种模棱两可的情况，天文学家经常说这个星系位于70亿年前的“回顾时间”，因为我们看到的星系是70亿年前的样子。

以用来计算早期宇宙的密度和温度,而这些条件又可以用来预测早期宇宙的化学成分。在很早以前，宇宙的唯一要素就是氢——它的原子核只是单个质子，因为宇宙太热了，以至于质子和中子不能在较大的原子核内结合在一起。然而，在发生大爆炸后大约五分钟的相当短的时间内，应该有可能发生了一些核聚变反应。通过计算预测到宇宙的化学成分，转换为75% 的氢气和25% 的氦气（按质量计算）。此外，除了一小部分被恒星熔合成更重的元素外，我们认为如今的宇宙仍然具有同样的基本化学成分，观测结果确实也证明这一点。换句话说，大爆炸理论预测了观测到的宇宙的化学成分。

总而言之，大爆炸的概念是广义相对论“预测”宇宙膨胀的自然结果。有三条强有力的证据支撑大爆炸的观点，我们的宇宙膨胀在大约140亿年之前确实有个开始，几乎没有科学家对此提出质疑。

宇宙的几何形状

我们对气球类比的讨论，可能会让你对时空的整体形状感到好奇。时空的整体形状究竟是什么样的？我们知道引力来自时空弯曲，且时空的局部形状可以有许多不同的形式。然而，时空作为一个整体，一定具有一个总曲率，这是时空里所有质量共同作用的结果。也就是说，宇宙中的每一个单独质量都会产生一些局部曲率，它们加起来构成了全局形状。这种观点与我们看待地球的方式相似：在局部地区，地球表面以许多不同的形式弯曲，诸如山峰、峡谷以及其他地理特征，但从地球的整体上来看，我们的地球显然是圆的。

当我们使用气球作类比的时候，我们基本上是在假设所有的局部曲率加起来最终会弯曲回来，就像地球表面一样。然而，这不是唯一的可能性。第二种可能性是，时空的整体形状，看起来就像是一个平坦的蹦床，只是局部区域有重力凹陷。第三种可能性是，时空不像地球或者气球那样在自身上弯曲，而是像马鞍的表面一样向外扩展。

图8.3使用了二维图形，显示了三种可能的几何图形。请注意，为了避免有中心和边缘，你不得不想象平面和马鞍形的几何图形会延伸到无限远；只有气球状的球形几何体具有有限的空间表面。要完成可视化，你需要想象所有的这三个表面正在膨胀以代表一个膨胀的宇宙，并且请记住，这些表面只是四维时空中空间结构的二维类比。

广义相对论并没有告诉我们，宇宙究竟是这三种可能的几何图形中的哪一种。为了研究这一点，我们必须用其他方式来处理这个问题。解决这个问题主要有两种方法：一个是试图确定宇宙的物质和能量的总密度。因为密度越大，意味着引力越强，因此弯曲曲率越大，所以我们可以使用密度计算整体的几何形状。或者，我们可以研究膨胀速率随时间变化的方式，因为这也会告诉我们整个宇宙的引力的总体强度。

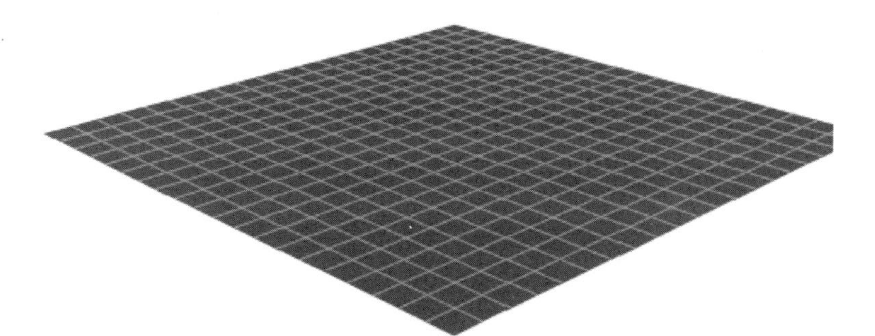

平面(临界的)几何体

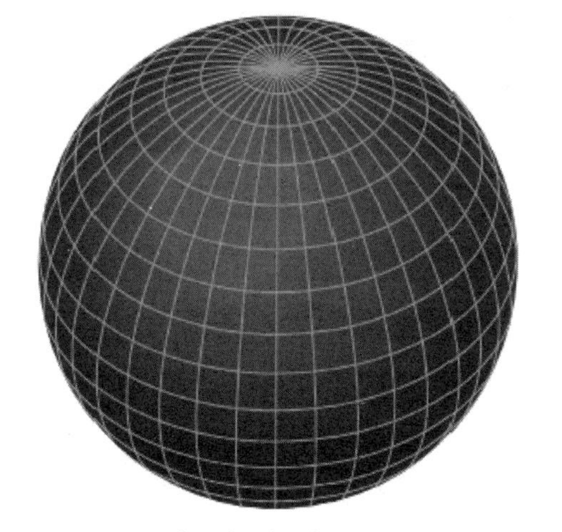

球形(闭合的)几何体

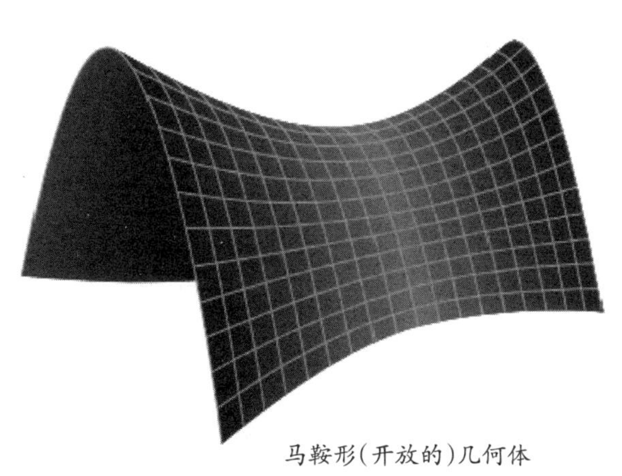

马鞍形(开放的)几何体

图8.3　三种可能的宇宙几何形状的二维类比

译者注：①当宇宙密度等于临界密度，宇宙的空间曲率为0，宇宙是平坦的；②当宇宙密度大于临界密度，宇宙的空间曲率为正，宇宙是封闭的，呈球形；③当宇宙密度小于临界密度，宇宙的空间曲率为负，宇宙是开放的，呈马鞍形。

宇宙膨胀的方式

如果从逻辑上考虑，我们会认为随着时间的推移，引力会逐渐减缓宇宙的膨胀。如果宇宙中包含着足够的质量——因此有足够的引力——因而膨胀最终会停止，然后发生逆转。在这种情况下，宇宙某一天可能以“大收缩”而结束。如果宇宙中的质量比现在的质量稍低一些，那么我们仍然希望引力会逐渐减缓宇宙的膨胀，但是决不会减缓到停止和逆转的程度。在某种意义上来说，宇宙会随着时间推移而逐渐消失，因为恒星最终会燃烧殆尽，星系也会变暗。

这些想法为判断哪种可能性正确提供了一个简单的方法：测量膨胀率随着时间的推移是如何变化的。如果有朝一日宇宙膨胀会停止，那么它应该是以相当显著的速度放缓了。如果膨胀会永远继续下去，那么它放缓的速度应该会小得多。

我们应该如何测量随着时间的推移，膨胀率是如何变化的？原则上，这很容易。这里再强调一次，因为光在宇宙中穿越很远的一段距离需要时间，我们看到离我们很遥远的物体，其实是宇宙年轻时这些物体的样子。例如，当我们在观察2亿光年范围内的星系时，我们可以用它们远离我们的速率，来确定过去的2亿年期间宇宙膨胀的速率。如果我们再看看，那些离我们70亿光年远的星系时，我们可以用这些星系远离我们的速率，来确定70亿年前的宇宙的膨胀速率，那时宇宙的年龄只是现在年龄的一半。

实际上，测量过去不同时间的宇宙膨胀速率是非常困难的（主要是因为，很难精准地测量星系之间的距离）。不过，从20世纪90年代开始，哈勃太空望远镜和其他有强大功能的天文台使天文学家们有能力进行此类探测。1998年，首先公布了测量的结果，当时几乎震惊了整个天文界。

令人震惊的是：正如我们刚才所讨论的，几乎我们每个人都自然而然地认为引力会使宇宙的膨胀减缓，而唯一的问题是它减缓的程度是很大还是一点点。然而，通过观察表明，宇宙的膨胀一点也没有放缓；相反，随着时间的推移，宇宙的膨胀正在加速。

终究不是一个错误?

是什么可能导致宇宙随着时间的推移，膨胀速率在加速而不是放缓呢？事实上，没人知道。这一事实有时会让关注天文学新闻的人感到惊讶，因为大多数科学家已经为这个答案取了一个名字：暗能量。因此，你将会听到科学家们谈论暗能量导致了宇宙膨胀加速的“事实”，甚至会讨论暗能量的一些假定的特性，而这些特性是从宇宙加速的方式中推断出来的。但是给一个事物取了一个名字，并不意味着我们了解它。如果我想让你了解暗能量的话，那就是：你所听到的关于暗能量的每一个想法，都只不过是一个猜测，或者充其量只是一个有根据的猜想。不管这个想法来自于谁，也不管他或者她是多么杰出的科学家。就目前而言，我们缺乏任何关于暗能量本质的确凿证据，这就意味着，我们根本不知道它是什么。

对暗能量的探索是当今科学界最伟大的冒险之一，但对于这本关于相对论的书，我们将只讲讲其中一个了不起的侧面故事。如果我们问广义相对论的方程与宇宙加速膨胀的概念是否一致时，我们所得到的答案是：在数学上，如果我们可以引入一个可以抵消普通引力的项，广义的相对论与宇宙加速膨胀是相容的。换句话说，如果我们把爱因斯坦称为他“最大的错误”的宇宙常数包括在内，这个方程就起作用了。

这一点是否与现实有关仍有待观察。毕竟也有可能，相对论未必能对宇宙的整体几何结构给出正确的答案，就与相对论和量子力学对黑洞奇点给了不同答案一样。也就是说，虽然广义相对论已经通过了许多精确的测试，证明了它在宇宙局部区域的有效性，以及某些情况下在宇宙非常广阔的范围内是有效的，但我们还不能确定这就是整个宇宙的全部。尽管如此，想想爱因斯坦，即使在他认为这是他最糟糕的科学时刻，也有可能被证明领先于他那个时代，这还是很有趣的。

宇宙的命运

无论是出于什么原因，我们观察到的宇宙膨胀加速，暗示着宇宙的最终命运。请记住，在宇宙加速膨胀被发现之前，宇宙似乎有两种可能的命运：宇宙大收缩结束，或循序渐进但永不停歇的宇宙膨胀放缓。假设未来的观测不断地支持宇宙的加速膨胀，我们现在有必要引入第三种可能性：这个膨胀将继续加快。一些科学家甚至认为加速膨胀最终会把膨胀速率推得如此之高，以至于宇宙最终会在某一天撕裂自己，也就是所谓的“大裂口”，尽管这个观点是有争议的。

加速膨胀的另一个直接含义是它似乎排除了宇宙膨胀停止和逆转的可能性，这就意味着宇宙的膨胀将永远持续下去。事实上，加速膨胀意味着永远膨胀的观点，在逻辑上是如此清晰，以至于很多人把它当作一个既定的概念。然而，正如我在本书中所强调的那样，光有逻辑在科学中是不够的。除非我们真正了解了是什么导致了宇宙膨胀的加速——这意味着我们可以进行实验或者观察，来验证我们所假定的宇宙膨胀加速的原因是否正确——我们不能确信我们的逻辑是正确的。

更重要的是，即使我们发现了让宇宙加速膨胀的这个神秘的暗能量的来源，即使这个发现支持宇宙永远膨胀的逻辑，但是在这里仍然有一个重要的提醒。也就是说，我们从今天宇宙加速膨胀的现有认知，到明天宇宙命运如何走向的逻辑延伸，并不比今天最好的科学知识更有效。要知道，仅就宇宙命运而言，在不到20年前，仅仅是发现了宇宙加速膨胀的这个概念，就给了科学家们巨大的惊喜。要再次改变我们对宇宙命运的看法，需要的是另一个同样令人震惊的发现，而这样的发现原则上从现在到世界末日的任何时候都可能出现。

爱因斯坦的遗产

我们以一次想象中的黑洞之旅开始了这本书。为了弄明白我们在那次航行中的经历，我们引入了爱因斯坦的狭义相对论和广义相对论，反过来又引导我们思考宇宙的起源以及宇宙可能的结局。除非你已经对这门学科有所了解，否则我想当你听到运动的相对性和空间、时间和宇宙的整体性质之间的联系，你一定会感到非常惊讶。

人们通常以爱因斯坦的发现来讨论他的遗产。毫无疑问，他彻底改变了物理学和我们对宇宙的理解。他告诉我们时间和空间是密不可分的，给了我们理解引力的新方法。他的理论现在被用来理解各种各样的主题，从奇异的物体，比如黑洞，到宇宙的整体几何结构。

然而，对于我来说，他最伟大的遗产在于他展示了科学思想的不可思议的力量。十几岁的时候，爱因斯坦就开始思考，如果他能骑在一束光上，世界会变成什么样子？但是他并没有就此止步；相反，他带着这个目的主动学习了数学和物理，而且学到足够深的层次，以便定量地研究问题，并探索不同的思路会引向何方。这是科学的精髓。我希望爱因斯坦的成就能激发更多的人认识到科学的价值，发挥科学的力量，帮助我们更好地了解世界，让这个世界变得更加美好。

结 语
你在宇宙中不可磨灭的印迹

我在本书的前言里说过，相对论对于理解我们人类如何更好地融入到宇宙的整体中是相当重要的。既然我们已经完成了对爱因斯坦相对论的介绍，现在似乎是一个回顾并深入思考这一理论的好时机。当然，不同的人对相对论的重要性会提出不同的结论，我希望你们能够提出自己的观点。对于我而言，相对论的重要性体现在至少以下四个层面：

第一个层面是纯科学。在爱因斯坦首次向全世界引入相对论后100多年的时间里，他的狭义相对论和广义相对论都得到了广泛而反复的检验。今天，它们的有效性是毫无疑问的，至少在它们被检验的领域内是如此，因此，如果不先理解相对论，我们就无法理解大自然。

我们来回顾几个例子：如果我们不了解$E = mc^2$这个公式的话，我们无法了解恒星为什么会发光；如果我们不了解引力源于时空弯曲，我们就不知道黑洞是什么；除非我们首先了解整个时空中可能存在的四维几何结构，否则我们无法理解宇宙在“不膨胀”成某种东西的情况下是如何膨胀的；如果我们没有相对论的相关计算，我们的GPS装置就无法正常工作。事实上，现在相对论就像地球是一颗绕太阳运行的行星或引力使物体落到地面的观点一样，是在我们对宇宙的整体理解中不可或缺的一部分。

我认为相对论很重要的第二个层面，是我们对现实的感知。我们共同的经历使我们在成长过程中想当然地认为时间和空间是独立的，但相对论却向我们展示相反的情况。正如爱因斯坦的同事，赫尔曼•闵可夫斯基（Hermann Minkowski）在1908年所说："从此以后，空间本身和时间本身注定要消失在阴影中，只有两者的某种结合才能维持一个独立的现实。"更重要的是，广义相对论改变了我们对引力的看法，把它从牛顿荒谬的超距离作用转变为时空几何的自然结果，而时空几何结构是由其质量引起弯曲的。这些认知上的变化对我们日常生活没有太大的影响，但它肯定改变了我们对周围宇宙的理解和解读的方式。

我认为爱因斯坦发现相对论很重要的第三个层面，是在于它告诉我们作为一个物种的潜力。相对论科学似乎与大多数人类活动没有关联，但我相信爱因斯坦本人证明并非如此。爱因斯坦的一生，都在为人权、人类尊严、世界和平和共同繁荣努力。他经历了两次世界大战，他被崛起的德国纳粹赶出了德国，他目睹了600多万犹太同胞被屠杀，他看到了自己的发明被用于制造了原子弹，当你想到他经历了这些惨痛的经历之后，而他仍然对人性本善深信不疑，这就更加令人吃惊了。没有人能确切地说，面对如此惨剧，他是如何保持着乐观心态的，但我从相对论中受到了启发。正如你所见，相对论的观点似乎与我们成长过程中所认识到的且最初令人难以置信的"常识"截然相反。确实，我怀疑在人类历史的大部分时间里，相对论都会被一下子否定，是因为它看起来太不可思议了。然而，我们生活的时代，由于科学的进步，现有证据被认为比我们的成见更重要。我们之所以接受相对论，是因为证据非常有力地支持相对论，尽管它迫使我们来重新定义对现实的看法。对我来说，这种基于证据事实来做判断依据的意愿表明我们作为一个物种正在成长。我们还没有达到这一层面，即我们在所有其他努力中，总是表现出共同的心声——如果真是这样的话，在这个世界上就不会有不公正或者腐败的现象——但事实上，我们这样做是为了科学进步，这表明我们有很大的潜力。

什么是相对论

最后，我认为爱因斯坦发现相对论很重要的第四个层面更加趋于哲学化。在 1955 年爱因斯坦去世前的一个月，他写道：“死亡并不意味着什么……过去，现在和未来之间的区别只是一种固有的幻觉。”正如这句话所暗示的，相对论提出了关于“时间流逝到底意味着什么”等各种有趣的问题。因为这些都是哲学上的问题，它们没有明确的答案，你需要自己去思考这些问题对你来说到底意味着什么。但我相信有一点是清楚的：基于我们对时空的理解，似乎我们无法回避这样的观点，即时空中的事件具有无法被带走的持久性。一旦一个事件发生，本质上它就成为了我们宇宙组成中的一部分。你的生活是由一系列事件组成的，这意味着当你把这一系列事件拼凑在一起的时候，你正在宇宙中留下不可磨灭的印记。或许，如果我们每一个人都明白这一点的话，可能会更加谨慎地注意我们自己的行为，以确保我们留下的印记是值得我们骄傲的。

致 谢

如果没有其他人的帮忙，我是不可能完成这本书的。我要特别感谢马克·沃伊特和梅根·多纳休，他们和我合作撰写了天文学教科书《宇宙视角》（*Cosmic Perspective*）（还有尼克·施耐德）。马克和梅根——他们两个对相对论知识的了解比我深入——他们帮我写了教科书中关于相对论的章节。本书中我提到的许多例子和类比是我们最初为课本所写的。此外，我还获得了马克·沃伊特和来自科罗拉多大学教授安德鲁·汉密尔顿（Andrew Hamilton）的极大帮助，他们仔细审阅了整部手稿，并就如何在保持科学准确性的同时适合普通读者阅读，向我提出了建议。我还从两位细心的非科学方面的读者那里，收到了许多使思维更加清晰的好建议：我的好朋友琼·马什（Joan Marsh）和我读高中的儿子格兰特·班纳特（Grant Bennett）。

我的许多老师和同事在我对相对论的理解中也起到了非常重要的作用。我要特别感谢T. M.赫利韦尔（T. M. Helliwell），他是我在哈维穆德学院初次学习相对论的老师，以及科罗拉多大学的五位教授：安德鲁·汉密尔顿（Andrew Hamilton）、J.迈克尔·沙尔（J. Michael Shull）、理查德·麦克雷（Richard McCray）、西奥多·P.斯诺（Theodore P. Snow）和J.马金·马勒维尔（J. McKim Malville）。我还要感谢几本书，它们在我理解相对论的内容和如何向公众传授相对论的知识方面给了非常大的帮助。事实上，我在本书中提供的很多思想实验和类比，都来源于我在其他书中首次所看到的例子，其中包括：爱因斯坦自己的一本面向大众的书《相对论》（*Relativity*）以及《相对论爆炸》（*The Relativity Explosion*）［马丁·加德纳

（Martin Gardner）著］、《时空物理学》（*Spacetime Physics*）［艾德文·泰勒（Edwin Taylor）和约翰·阿奇博尔德·惠勒（John Archibald Wheeler）著］、《物质宇宙》（*The Physical Universe*）［佛兰克·舒（Frank Shu）著］、《引力与时空》（*Gravity and Spacetime*）［约翰·阿奇博尔德·惠勒（John Archibald Wheeler）著］、《引力的致命吸引力》（*Gravity' s Fatal Attraction*）［米切尔·比格尔曼（Mitchell Begelman）和马丁·瑞斯（Martin Rees）著］、《黑洞与时间弯曲》（*Black Holes and Time Warps*）［基普·S.索恩（Kip S. Thorne）著］、《宇宙》（*Cosmos*）［卡尔·萨根（Carl Sagan）著］、《爱因斯坦：他的生活和宇宙》（*Einstein：His Life and Universe*）［沃尔特·艾克萨森（Walter Isaacson）著］。

特别感谢哥伦比亚大学出版社的所有人，特别是帕特里克·菲兹杰拉德（Patrick Fitzgerald）和布丽奇特·弗兰纳雷·麦考伊（Bridget Flannery-McCoy）的编辑团队，感谢他们对这个项目的信任，以及把我的手稿出版成书。我还要感谢在培生集团艾迪生-韦斯利出版社的南希·威尔顿（Nancy Whilton）以及其他人，他们允许我借用大量的材料——包括大多数的插图——改编自我们的教科书《宇宙视角》来写这本书。最后，我还要感谢我的妻子丽莎（Lisa）和我的孩子格兰特（Grant）和布鲁克（Brooke），感谢他们一直以来对我的支持、启发和理解。

译后记

提到爱因斯坦和相对论，大家估计都不陌生，但是对于相对论理论到底讲什么？很多人都只能摇摇头。当我们第一次读到《什么是相对论》这本书时，就被这本书的魅力深深地吸引。本书在表述上简洁明了，在形式上又通过沉浸式的思想实验将读者带入相对论的丰富世界。

本书的作者杰弗里·贝内特，是一位天体物理学家和科普作家，拥有天体物理学博士学位，是数学、天文学、统计学、天体生物学四门学科的大学教科书的主要作者。他为大众撰写了许多广受好评的科普作品，包括《宇宙中的生命》《超越UFO》等，2013年荣获美国物理学会“科学传播奖”。

作者写这本书的目的，是想把相对论从晦涩难懂的科学领域引入公众意识领域。相对论不仅仅属于科学领域，更是人们认识世界、认识自我不可或缺的一部分。我们建议读者一定要细细品读这本书，因为它不仅会让你轻松地汲取相对论的理论精华，对浩瀚宇宙有更深的认识，还会让你的生活态度和眼界也发生变化。

本书一共分为四个部分：第一部分由浅入深，通过简单、有趣的思想实验，把读者带入前往黑洞的旅行；第二、三部分分别介绍了狭义相对论和广义相对论；最后一部分讲相对论的应用。这本书舍弃了枯燥乏味的数学推理，保留了相对论的知识内核，启发我们不断思考：什么是黑洞？为什么恒星会发光？时间和空间的本质是什么？宇宙如何膨胀？奇点是什么？虫洞是什么？超光速旅行是可行的吗？时空折叠又能否实现？什么是引力波？什么是暗物质？时间流逝意味着什么？等等。一次次吸引着我们带着好奇心去一步步探索相对论的奥秘。为了方便读者理解，作者在书中十分用心地设计了很多有趣的思想实验，并图文并茂地形象化阐释了相对论的原理。

《什么是相对论》脱去了相对论的神秘深奥的外衣，让我们知道相对论与人类的生活也是息息相关的，卫星定位系统GPS就是运用相对论原理的典型案例。相对论打破了我们固有的常识，让我们对时间和空间有了新的认知，并重塑我们对所见、所感、所知的批判性思维。它告诉我们对待事物要持开放包容的态度，当下认为不可思议的也许是未来普遍存在的。科学技术在不断地发展、创新，推动了原子弹、卫星、载人飞船等相继诞生。这些都是科学改变历史的直接体现，同时也证明了人类的潜力是无穷的。

作者的结语“你在宇宙中不可磨灭的印迹”提到时空中的事件是永恒的，不能被改变。我们要小心翼翼地思考该在这个宇宙中留下什么样的印迹？一个事件一旦发生，就组成了宇宙的一部分。一个人的生活也是由一系列事件所组成的，每当我们要做出选择的时候，就要格外小心，思考自己在人生中或者在这个宇宙中会留下骄傲的还是悔恨的印迹呢？

在这里非常感谢作者为大众普及相对论知识而写的这本科普佳作，同时感谢责任编辑周北川老师就译稿内容多次与我们沟通和耐心指导，让我们获益颇多。由于译者水平有限，翻译不当之处敬请专家、学者以及广大读者批评指正。

王玉翠、冯萍